2023 年省发展改革委等 10 部门开展的浙江省 2021—2022 年度产教融合"五个一批"项目：校企协同培育光环境设计人才的探索与实践

绍兴市高等教育教学改革研究项目："能力为导向"的产教融合教学改革与实践
——以浙江树人学院瑞林光环境学院为例
（项目编号：SXSJG202414）

DIALUX EVO
LIGHTING DESIGN
APPLICATION SOFTWARE

DIALux evo
照明设计应用软件

主编　楼五艳　金若斌

ZHEJIANG UNIVERSITY PRESS
浙江大学出版社
·杭州·

图书在版编目（CIP）数据

DIALux evo 照明设计应用软件 / 楼五艳，金若斌主编. -- 杭州：浙江大学出版社，2025. 6. -- ISBN 978-7-308-26435-8

Ⅰ. TU113.6-39

中国国家版本馆 CIP 数据核字第 20250WR589 号

DIALux evo照明设计应用软件

楼五艳　金若斌　主编

责任编辑	王　波	
责任校对	吴昌雷	
封面设计	春天书装	
出版发行	浙江大学出版社	
	（杭州市天目山路148号　邮政编码310007）	
	（网址：http://www.zjupress.com）	
排　　版	杭州林智广告有限公司	
印　　刷	杭州钱江彩色印务有限公司	
开　　本	787mm×1092mm　1/16	
印　　张	14	
字　　数	298千	
版 印 次	2025年6月第1版　2025年6月第1次印刷	
书　　号	ISBN 978-7-308-26435-8	
定　　价	68.00元	

编委会

主要编写作者简介：

楼五艳

毕业于浙江工业大学环境艺术设计专业，中国美术学院设计艺术学硕士。任浙江树人学院艺术学院环境设计系副主任，浙江树人学院瑞林光环境产业学院执行人。主要研究人居环境设计、光环境设计。主持多项省部级产学合作协同育人项目、市级教学教改项目，发表学术论文 10 余篇，主持横向课题多项（科研经费 500 余万元）。

金若斌

毕业于内蒙古师范大学艺术学院工业设计专业，同期留学俄罗斯圣彼得堡国立列宾美术学院美术学专业，上海申昱（SYL）照明设计有限公司创始人。国家一级注册照明设计师、欧洲灯光设计师协会理事、华人照明设计师联合会理事、阿拉丁照明网照明设计顾问、上海杉达学院副教授、浙江树人学院客座教授、辽宁科技大学外聘专家教授。

从业 20 年，拥有丰富的照明设计经验，对于用光来表达建筑的第五维空间有着独到见解，对于照明设备以及行业有着充分了解，对于细节的实现和现场有着丰富经验；先后参与多项工程照明设计，项目涉及照明规划、景观亮化、建筑亮化、公共空间、商业空间（酒店、会所、店铺）。

陈帅红

毕业于南京艺术学院艺术设计专业。现任申昱照明主案设计师，上海杉达学院客座讲师、浙江树人学院客座讲师。擅长建筑泛光及室内空间的照明方案，以及对落地项目的整体规划把控，精通商业综合体、酒店、乐园、别墅等室内外空间照明设计。

范雁伟

国家一级注册照明设计师，毕业于大连工业大学视觉传达专业。现任申昱照明设计总监，辽宁科技大学客座讲师，上海杉达学院客座讲师。长期从事建筑、住宅、商业等照明设计，主持多家知名五星级酒店、市政公共建筑等照明设计项目。

王钰

毕业于南京大学人力资源管理专业。现任申昱照明设计师，辽宁科技大学客座讲师、上海杉达学院客座讲师。长期从事室内外照明设计，参与商业综合体、酒店、住宅、商业等项目照明设计。

宋若楠

毕业于天津美术学院环境艺术专业。现任申昱照明设计师，上海杉达学院客座讲师。长期从事室内照明设计，参与商业连锁、酒店、住宅等项目照明设计。

PREFACE

前　言

在党的二十大精神的指引下，我们深刻认识到教育对于培养新时代人才的重要性。随着我国经济社会的快速发展和人民生活水平的不断提升，人民群众对美好生活的需求日益增长，对健康舒适的居住环境的追求也愈发强烈。照明设计作为创造高品质生活环境的重要组成部分，对于促进人的身心健康、提升生活品质具有不可替代的作用。

GB 50034—2013《建筑照明设计标准》为我们提供了不同功能空间的照明设计标准。我们深知，除了令人叫绝的概念设计外，合理的照明规划、健康的光环境营造也同样重要。针对不同的照度、色温、均匀度等需求，即使是同一空间，在不同的活动场景下，也有着不同的灯光标准。

在过去的十年中，随着计算机软件和LED技术的飞速发展，照明设计经历了快速的普及和变革。技术的创新让照明设计变得更加简单、透明，让更多人能够参与到这一创造性工作中来。DIALux evo软件作为照明设计验证规划合理性、可实施性的关键工具，极大地推动了照明设计的发展。

为了更好地贯彻党的二十大精神，培养具有创新能力和实践技能的设计人才，鉴于DIALux evo软件在照明设计过程中的重要性，我们编写了这本《DIALux evo照明设计应用软件》。本书旨在通过图文和视频教程相结合的方式，详细介绍DIALux evo软件的使用方法和操作技巧，以期帮助学生深入理解照明设计的原理，掌握先进的设计工具，为创造更加健康、舒适、节能的光环境贡献力量。

我们希望学生通过对本书的学习，激发对照明设计的兴趣和热爱，在实践中不断探索和创新，为推动我国照明设计行业的发展和进步作出积极贡献。

本书主要包括以下内容。

（1）DIALux evo软件的安装及灯具插件的安装：帮助学生顺利完成软件安装及相应的灯具插件安装。

（2）DIALux evo软件界面的介绍：让学生快速了解软件的基本功能。

（3）DIALux evo软件各功能运用：DIALux evo导入CAD底图以及外部模型素材、基础的空间搭建（全景、建筑、楼层与空间的关系）、空间元素建模（屋顶、天花、灯槽、主体、窗户、家居）、剪切运算的应用、材质贴图及外部材质载入（发射率、透明率的设置）、IES参数的修改、灯具的布置、计算面的设置、快速计算与整体计算、光线追踪的运用、日光计算、报表的设置与导出等。

（4）重点难点的汇总：这对入门者来讲非常有用，可以扫清学习障碍，提高学习效率。

（5）课后作业：课后作业可以很好地帮助学生巩固知识点，学生只要多练习操作，就能从量变到质变。

本书旨在让高校学生通过系统的课程学习，了解和掌握DIALux evo的操作及运用，明白它是一款能在多种模式下工作的软件，并形成建筑物、空间的概念，从而使灯光规划设计的流程更加高效。在操作练习前，需要先在电脑上安装照明设计软件DIALux evo。可登录网址www.dialux.com/zh-CN/下载软件。

★在此特别说明：本教材主要为高校教学服务，书中引用的相关图片或软件界面截图，如果存在版权问题请及时与我们联系，谢谢！

本书由浙江树人学院协同上海申昱照明设计有限公司共同编写。上海申昱照明设计有限公司是一家集照明设计、灯具供应、培训咨询于一体的独立机构，提供专业的照明设计服务，努力为建筑带来令人惊叹的视觉体验，提供可持续的解决方案。同时公司与多所高等院校建立了长期的合作关系，为高校学生提供专业的照明知识课程，培养更专业的照明设计人才。

在书籍编写过程中，特别感谢浙江大学出版社编辑王波给予的帮助与支持。同时还要感谢出版社的其他编审人员为本书的出版所付出的辛勤劳动。由于时间仓促，笔者学识浅薄，本书如有纰漏之处，敬请读者不吝赐教。

CONTENTS

目　录

CHAPTER 1

第 1 章

照明设计软件概述

学习目标

了解照明设计过程中常用到的软件；了解DIALux evo与其他照明设计软件的区别；掌握DIALux evo在照明设计过程中的运用。

教学要求

通过图文形式，让学生了解照明设计过程中常用到的软件功能；通过案例的形式，让学生更直观地了解DIALux evo的作用。

重点： 清楚DIALux evo在照明规划中所起到的作用。

难点： 照明设计软件DIALux evo、DIALux、AGi32 的运用区分。

1.1 照明设计过程中常用的设计软件

1. DIALux evo

该软件是用于室内和室外照明设计中常用的软件之一。设计师可以使用该软件创建照明布局和模拟照明效果，包括平均照度、均匀度、伪色图、光强分布图、能耗等参数。灯光模拟效果清晰自然，还原度高。其与多款三维软件兼容，且具有人性化、合理的 UI 界面，让设计师操作起来更为轻松（见图 1-1）。

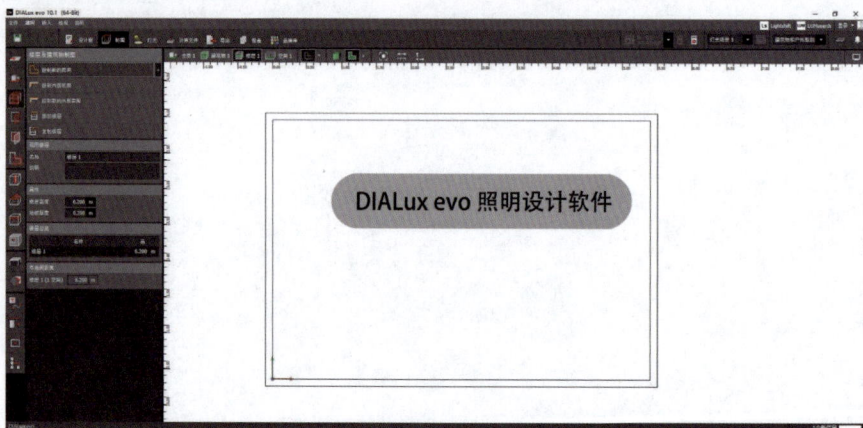

图 1-1　DIALux evo 操作界面

2. DIALux

该软件免费开放，与 DIALux evo 同属于一家公司，作为 DIALux evo 软件的前身，目前开发者已不再修复更新该软件，相对于 DIALux evo 而言，在操作上不够人性化且功能也不够完善（见图 1-2）。

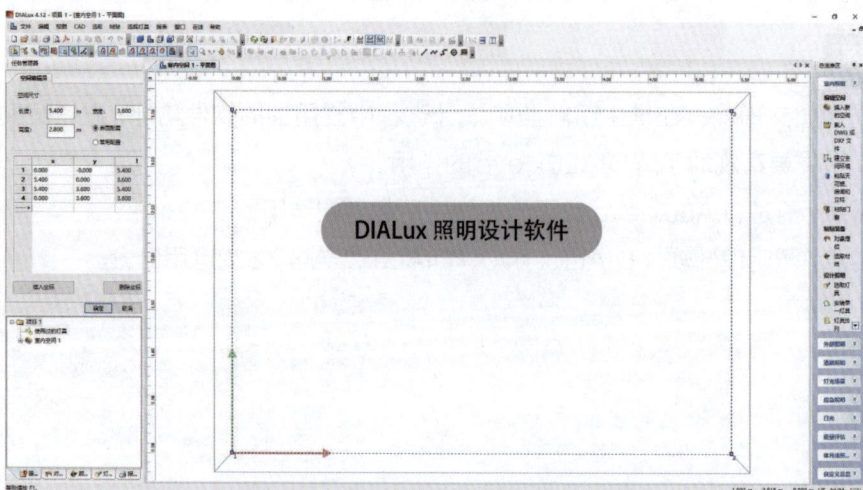

图 1-2　DIALux 操作界面

3. AGi32

这是一款广泛使用的付费照明计算软件。它能够进行照明布局、灯光方案设计、光强分析和照度计算等，在欧美国家被广泛使用，目前国内使用范围并不是很广（见图1-3）。

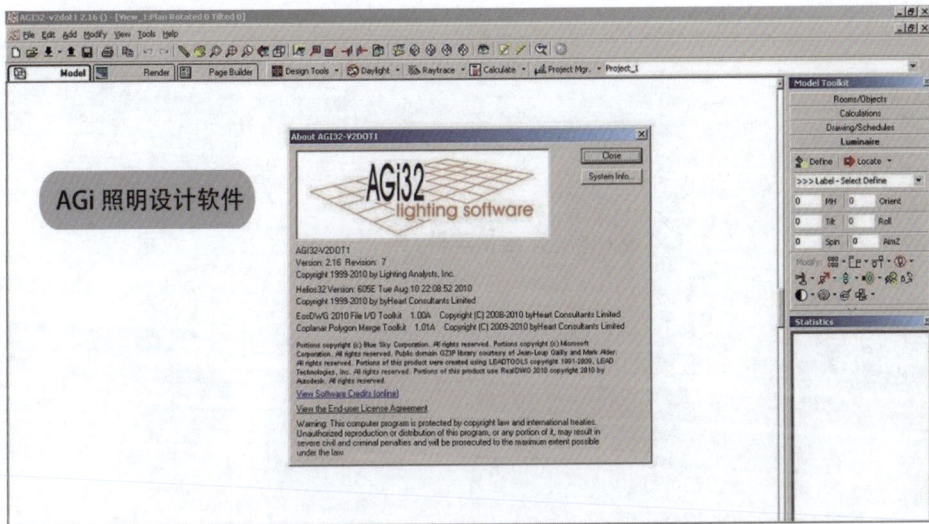

图 1-3　AGi 操作界面

4. AutoCAD

设计师常用的一款绘图软件，可用于创建建筑平面图纸和灯光布置图纸，也是照明设计中的常用设计软件，导入该软件的格式文件，可以在 DIALux evo 中创建建筑及空间（见图 1-4）。

图 1-4　AutoCAD 操作界面

5. SketchUp

这是一款 3D 建模软件，也常用于创建照明布局的虚拟模型，并展示不同的照明效果。当模型空间为复杂的不规则造型时，可以运用该软件辅助导出模型，再导入 DIALux evo 中进行照明设计的模拟计算（见图 1-5）。

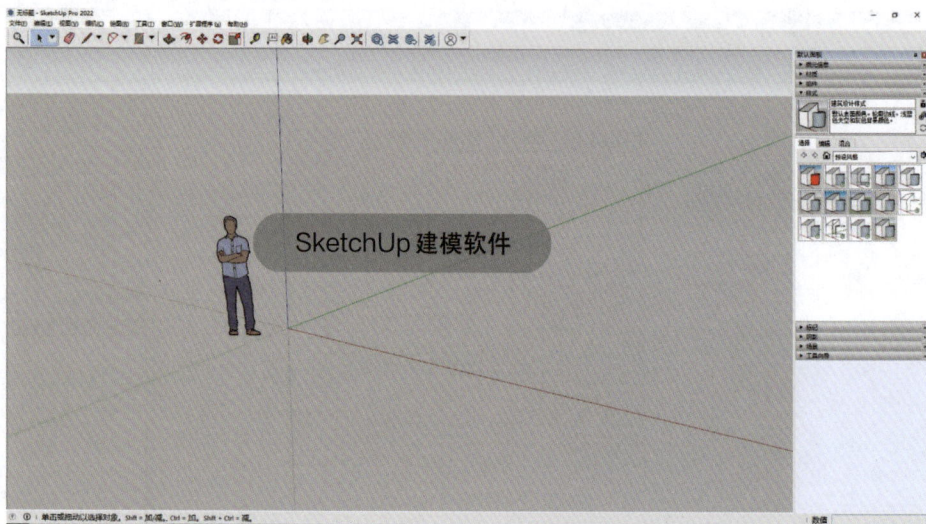

图 1-5　SketchUp 操作界面

6. Adobe Photoshop

这是一款图像处理软件，可用于编辑和处理图片、对照明设计方案进行可视化的呈现、辅助照明方案的效果展示（见图 1-6）。

图 1-6　Adobe Photoshop 操作界面

1.2　DIALux evo软件在照明设计中的运用

　　DIALux evo由德国DIAL公司出品，被称为"首席光环境模拟软件"，是全球最具功效的免费照明规划软件，拥有26种语言版本。照明设计师能用它来解决各个业态的照明技术问题：从标准化室内、户外或街道照明计算，到形象逼真的视觉立体，可满足目前几乎所有的照明技术及计算要求。其为照明设计师在设计过程中提供了极大的便利，能让客户在前期更直观地感受到灯光效果，是从事照明设计辅助的一款软件。

　　照明设计软件DIALux evo的作用和优势并不是简单的效果图制作，而是作为科学高效的辅助工具。那么，DIALux evo能运用于哪些业态呢？

1. 会所、住宅、酒店、民宿（见图1-7至图1-10）

　　此类空间主要是强调人居的舒适度，且在同一空间通常会有不同的活动需求，因此除了合理的规划设计外，要设置不同的灯光场景来满足功能需求。我们可以提前运用DIALux evo来模拟各个场景的灯光效果，以此来验证前期设计的合理性。

图1-7　私人会所空间[①]

---

① www.dinzd.com/works/Sld02.html

图 1-8　住宅空间①

图 1-9　酒店空间②

---

①　www.dinzd.com/works/Egd-design01.html
②　 www.dinzd.com/works/Yakisugi11.html

图 1-10　民宿空间[1]

2. 零售店铺、超市（见图 1-11 至图 1-13）

商业空间一般主要强调的是陈列的展品，因此一般对垂直照度要求会比较高。我们可以通过 DIALux evo 来模拟测算照度，通过软件得出的伪色图，可以直观地看出照明规划中的亮度关系，以此来判断是否满足设计效果。

图 1-11　零售店铺空间（1）[2]

---

① www.dinzd.com/works/Contekst-Studio01.html
② www.dinzd.com/works/yanStudio02.html

图 1-12　零售店铺空间（2）[①]

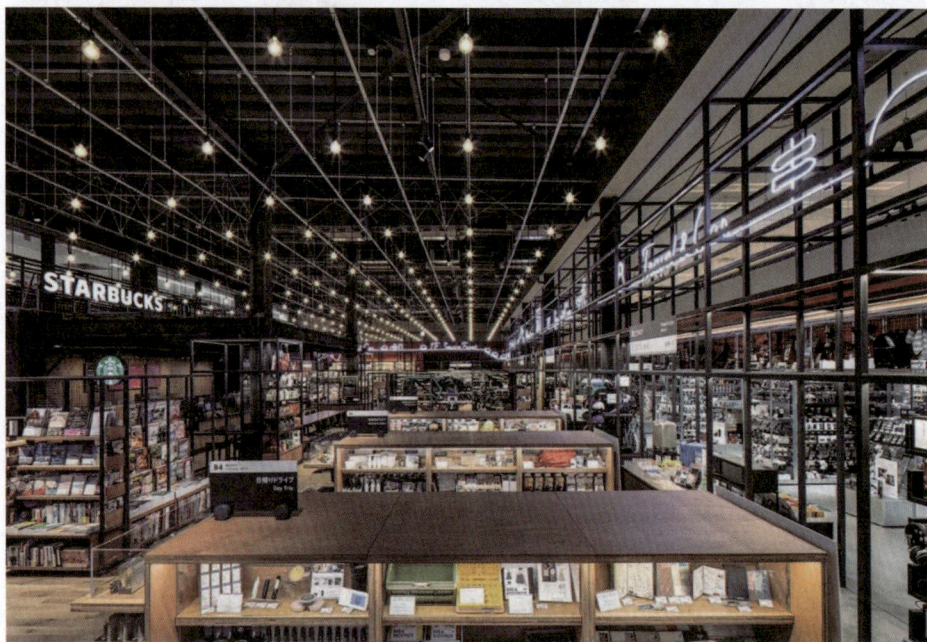

图 1-13　超市空间[②]

3. 博物馆、美术馆（见图 1-14 至图 1-16）

此类空间需要注意展品对光的敏感度，例如出土的陶器、丝织品、文献等，对光源、照度有着严格的要求。我们可以通过 DIALux evo 的模拟，验证设计的可实施性。

---

① www.dinzd.com/works/Waterfrom30.html
② www.sohu.com/a/327747550_664501

图 1-14 展馆空间（1）①

图 1-15 展馆空间（2）②

① www.dinzd.com/works/stepsarc01.html
② www.dinzd.com/works/stepsarc01.html

图 1-16　展馆空间（3）[1]

4. 办公、教育行业（见图 1-17、图 1-18）

此类空间有阅读书写等长时间用眼的功能需求，且需要精神高度集中，因此在这类空间中，人们需要注意用眼的健康，对光环境的要求是高照度、高均匀度，此时就需要通过 DIALux evo 的模拟，以确保空间内灯具配置的合理性、光环境的舒适性，从而满足人们的用眼需求。

图 1-17　办公空间[2]

[1]　www.dinzd.com/works/Adcasa28.html

[2]　www.dinzd.com/works/Bob-design-office09.html

图 1-18　教育空间[1]

5. 医疗行业（见图 1-19、图 1-20）

此类空间需要注意灯光的照度、均匀性，色温的合理性，我们可以通过 DIALux evo 的模拟来得到合理的灯光，通过色温的控制来安抚病人的焦躁不安的情绪，缓解医生高强度工作的压力，有益于医护人员的身心健康，同时也能大大地提高工作效率。

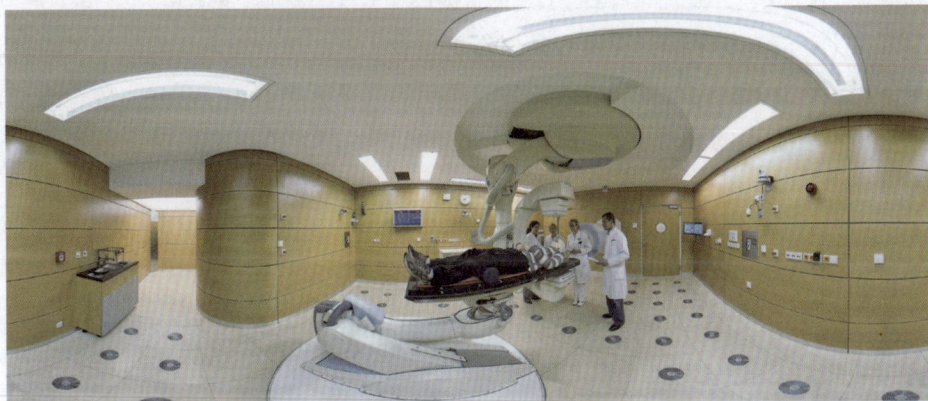

图 1-19　医疗空间（1）[2]

---

① tuku.jia.com/photo/picid-1092153.html
② www.sohu.com/a/207346627_816777

图 1-20　医疗空间（2）[1]

6. 工业生产（见图 1-21、图 1-22）

　　照明不仅能提高人们的生活质量，还能在创造社会财富的工业领域创造价值。由于制造行业的日益细分化，各种制造企业的生产场地、流程完全不同，对于照明的要求也不尽相同。研究表明，高品质的照明不仅有益于生产者的身心健康，而且还能使生产者降低疲劳度和倦怠感、减轻工作压力，从而提高工作效率和减少出错，维持生产安全。对从事工业生产的人们来说，照明对其工作表现和工作舒适度有着重要的意义。就功能层面而言，对于凭借视觉观察完成的任务，照明的好坏影响着工作质量。就个人层面而言，照明影响着工人的舒适感。DIALux evo 可以通过照度模拟来辅助设计师完成照明设计解决方案。

---

① www.dutenews.com/n/article/6721511

图 1-21　工业制造车间（1）

图 1-22　工业制造车间（2）

7. 公共交通（见图 1-23 至图 1-25）

例如机场、高铁站等，此类空间注重安全性照明，尤其是在春节等重大节日时的大迁徙场景，如果安全性照明不足，则很有可能会造成安全隐患。安全性功能照明可以有效避免推搡、踩踏性事故的发生。那么，地面达到多少照度才能满足安全性照明要求呢？这在国标中有着明确的规定。运用照明设计软件进行测算，对比国标或照明设计专项的标准，即可验证灯具规划设计的合理性。DIALux evo 在这类场景中运用的重要性由此可见一斑。

图 1-23　公共交通空间（1）[1]

① tuchong.com

图 1-24　公共交通空间（2）①

图 1-25　公共交通空间（3）②

---

① www.archiposition.com/items/20221031105422
② www.archiposition.com/items/20221031105422

8. 市政规划、文旅夜游（见图 1-26、图 1-27）

城市的亮化是城市形象的展现，但城市亮化并不是一味地堆砌灯光，这样会造成不必要的能源浪费。哪里需要被照亮、哪里灯光可以弱化、能耗是多少、灯光对周边建筑的影响、功率密度是否超过了国家标准，这些都是衡量绿色建筑的指标，我们可以通过 DIALux evo 的模拟来让设计更为合理。

图 1-26　市政规划夜景[1]

图 1-27　文旅夜游[2]

9. 科技化农业（见图 1-28、图 1-29）

科技化农业让我们实现了蔬果自由，但不同种类的植物对光照需求不同，如何在没有自然光的情况下进行培育呢？这就要设置人工照明了。通过 DIALux evo 的模拟，能够初步计算出灯具的使用情况。

---

[1]　www.sohu.com/a/779024942_567506
[2]　www.chengyue-tech.com/a/14

图 1-28　科技化农业空间（1）[1]

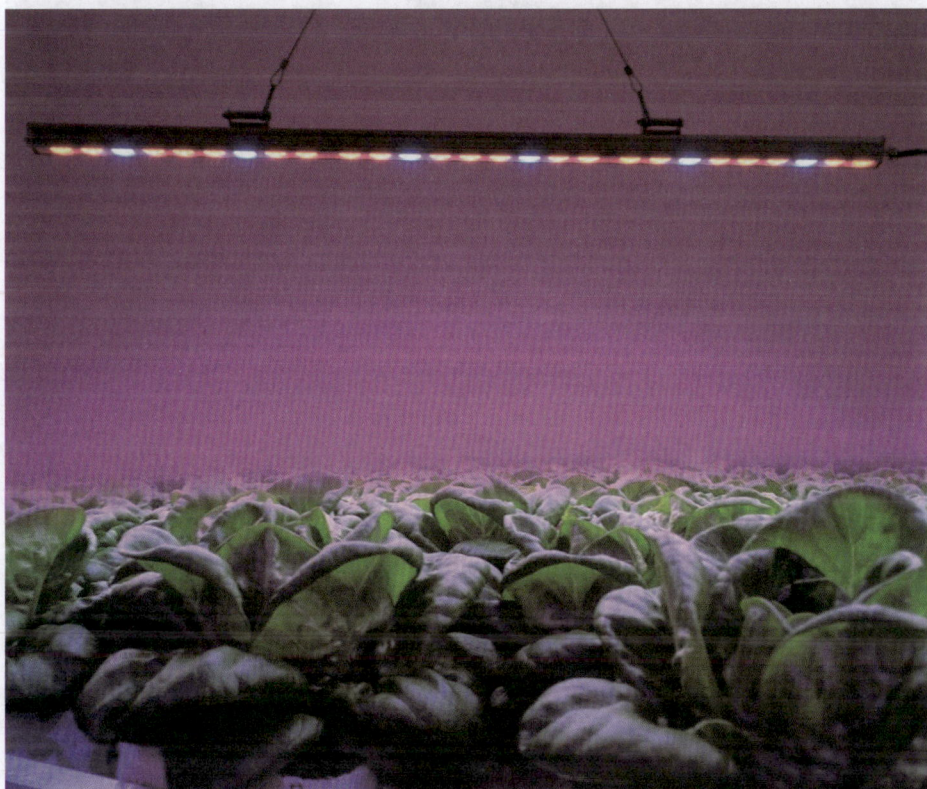

图 1-29　科技化农业空间（2）[2]

① 　www.sohu.com/a/779024942_567506
② 　www.chengyue-tech.com/a/14

1.3 DIALux evo经典案例介绍

案例一 某小区四室两厅套房照明设计

设计范围包含玄关、客厅、餐厅、阳台、书房、主卧、次卧、客房、衣帽间、主卧卫生间、客房卫生间、厨房、储藏间等功能空间（见图1-30、图1-31）。

图1-30 套房照明（1）

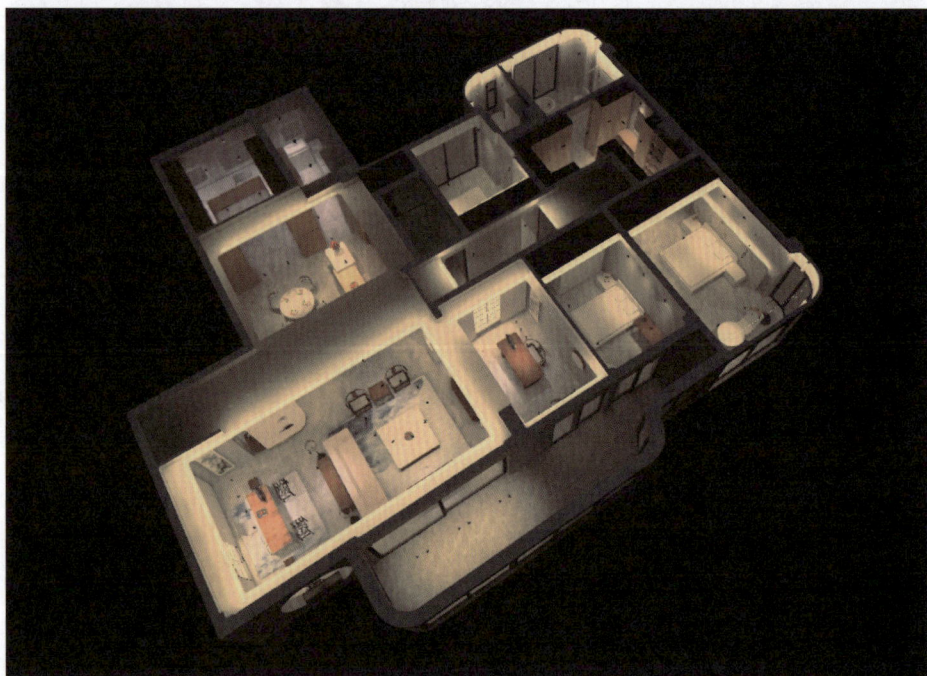

图1-31 套房照明（2）

这是一个家居空间，因此空间的主要色温为3000K，在这样一个色温的光环境下，人能得到充分的舒展、放松。部分空间如厨房、餐厅，因其使用功能的特定需求，需要集中精力高效操作，故使用4000K的色温（见图1-32至图1-34）。

图 1-32　客厅渲染效果图及伪色图

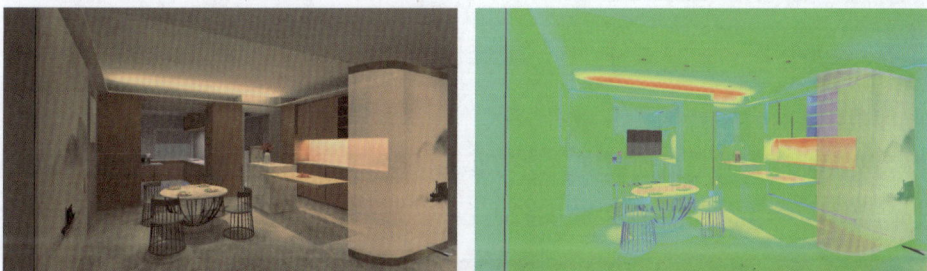

图 1-33　餐厅渲染效果图及伪色图

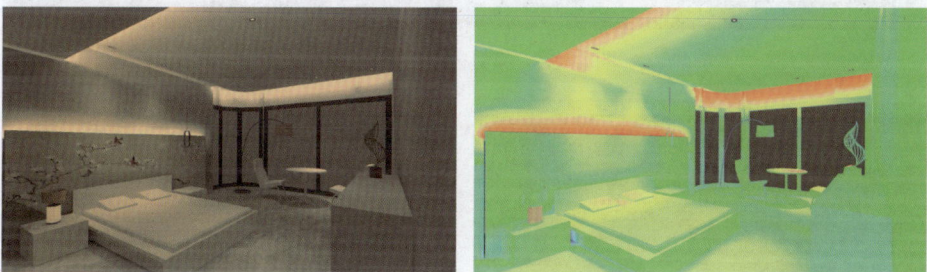

图 1-34　主卧渲染效果图及伪色图

对于有照度需求的区域，需要满足国标的要求，如书写阅读的桌面照度至少达到300lx，有精细操作的厨房的操作区域的照度至少达到 500lx（见图 1-35 至图 1-38）。

图 1-35　书桌渲染效果图

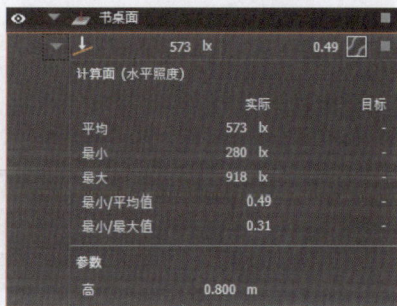

图 1-36　书桌面照度测算结果

图 1-37　厨房渲染效果图　　　　　　　　　　图 1-38　厨房操作台照度测算结果

案例二 某办公空间照明设计

　　设计范围：前台接待区、开敞办公区、会议室、公共过道、公共电梯厅、卫生间等。办公室照明注重的是桌面照度、均匀度、色温，需要保障员工的用眼健康和身心健康，提高工作效率（见图 1-39 至图 1-42）。

图 1-39　某办公空间照明设计

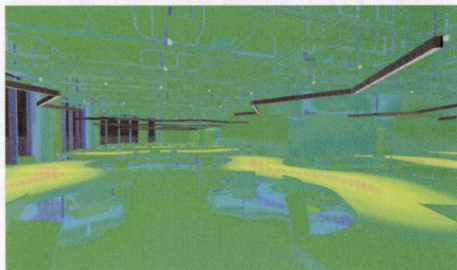

图 1-40　开敞办公区渲染效果图及伪色图（1）

图 1-41　开敞办公区渲染效果图及伪色图（2）

图 1-42 会议室渲染效果图及伪色图

案例三 某艺术中心照明设计（见图 1-43、图 1-44）

设计范围：艺术展区、艺术家办公室、玻璃阳光盒子、冥想空间、空中连廊、景观池、下沉庭院、景观道路。

图 1-43 某艺术中心照明设计（1）

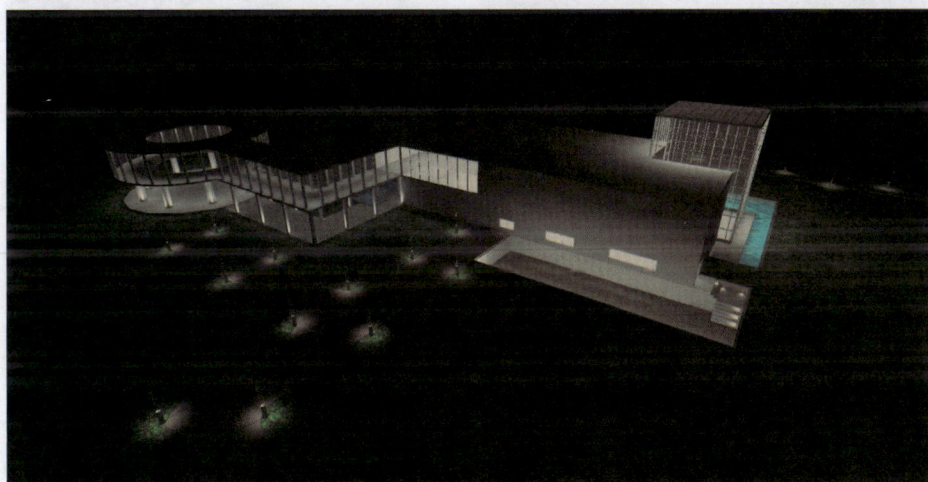

图 1-44 某艺术中心照明设计（2）

建筑在夜间被灯光点亮，使其在黑暗中呈现出另一番气质。根据不同的建筑语言，我们可以运用不同的照明手法来表达建筑，例如轮廓照明、泛光照明、动态照明、媒体立面等（见图 1-45 至图 1-49）。

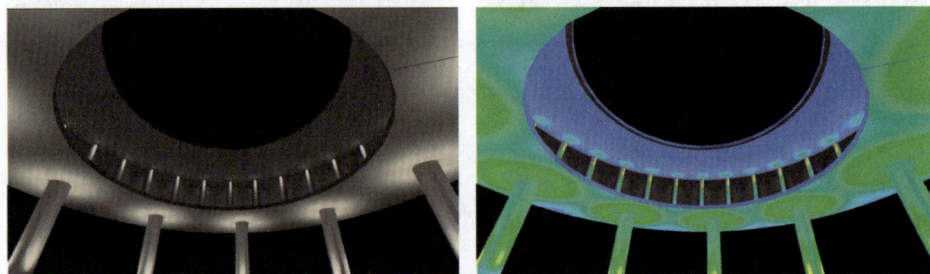

图 1-45　冥想空间渲染效果图及伪色图

图 1-46　空中连廊渲染效果图及伪色图

图 1-47　玻璃阳光盒子渲染效果图及伪色图

图 1-48　下沉庭院渲染效果图及伪色图

图 1-49　庭院灯渲染效果图及伪色图

案例四　道路照明设计

当夜间行车时，如果路面照度不足则容易发生交通事故，因此道路照明对夜间行车起着至关重要的作用。不同类型的道路的照度要求也不相同。例如，快速路、主干道的路面平均照度值为 20~30lx，次干道的路面平均照度值为 15~20lx，支路的路面平均照度值为 8~10lx，主干道与主干道、次干道、支路交会的路面平均照度值为 30~50lx，次干道与次干道、支路交会的路面平均照度值为 20~30lx，支路与支路交会的路面平均照度值为 15~20lx（见图 1-50 至图 1-55）。

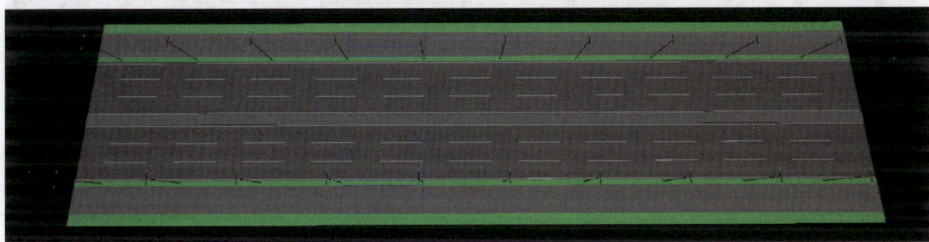

图 1-50　主干道软件模拟

图 1-51　主干道照度测算结果

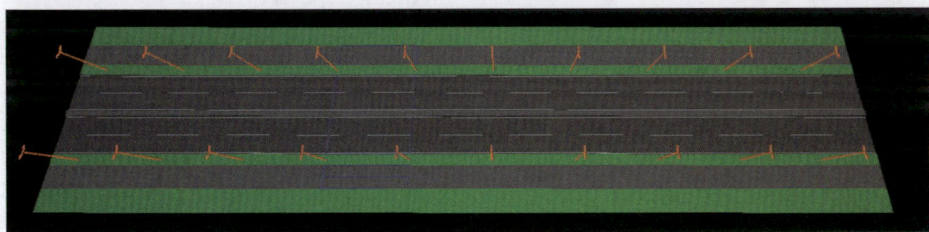

图 1-52　次干道软件模拟

图 1-53　次干道照度测算结果

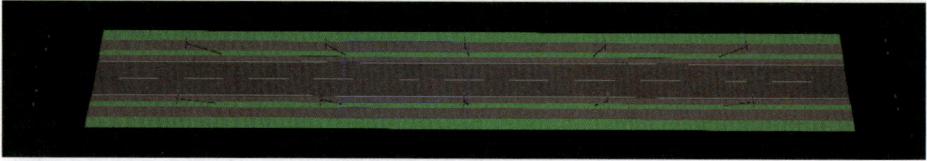

图 1-54　支路软件模拟

图 1-55　支路照度测算结果

CHAPTER 2

DIALux evo 基础知识

学习目标

　　学生通过本章节的学习，能安装DIALux evo软件及相应的灯具插件、了解软件操作界面及灯具IES文件知识。

教学要求

　　通过图文分步骤教学，让学生掌握知识点；通过视频演示，让学生更好地掌握教学内容。

　　重点： 熟悉DIALux evo软件操作界面、灯具IES文件的相关知识点。

　　难点： 灯具IES文件内的相应参数的意义。

2.1 DIALux evo软件对电脑的要求

照明设计软件DIALux evo对电脑硬件配置的要求：

CPU：支持 SSE2；

内存：4GB（最小 2GB）；

显示卡：支持 OpenGL 3.0、最少 1 GB显存；

系统：Windows 8.1/ 10（32/64 位元）；

分辨率：最少 1920 × 1080 像素。

2.2 DIALux evo软件的安装设置

以软件DIALux evo 10.1 版本的安装为例（可以登录www.dialux.com/zh-CN/下载免
费的DIALux evo软件），步骤如下：

【Step1】双击安装包后，单击"Next"（见图2-1）。

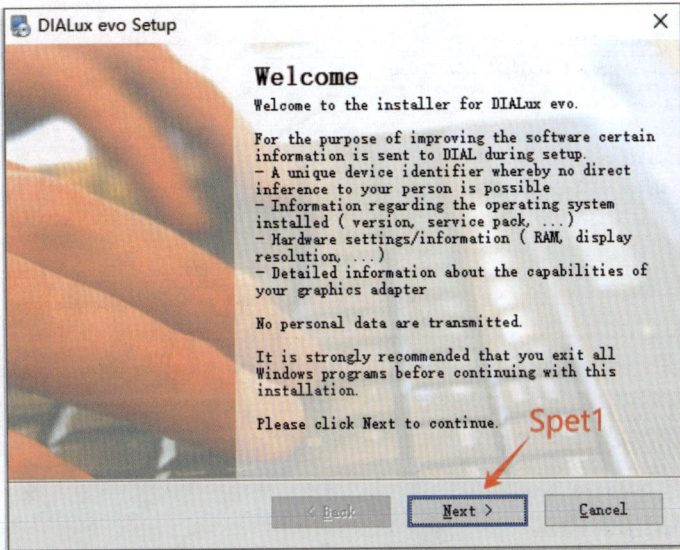

图 2-1　安装步骤（1）

【Step2】选择"I agree to the terms of this license agreement"，单击"Next"（见图2-2）。

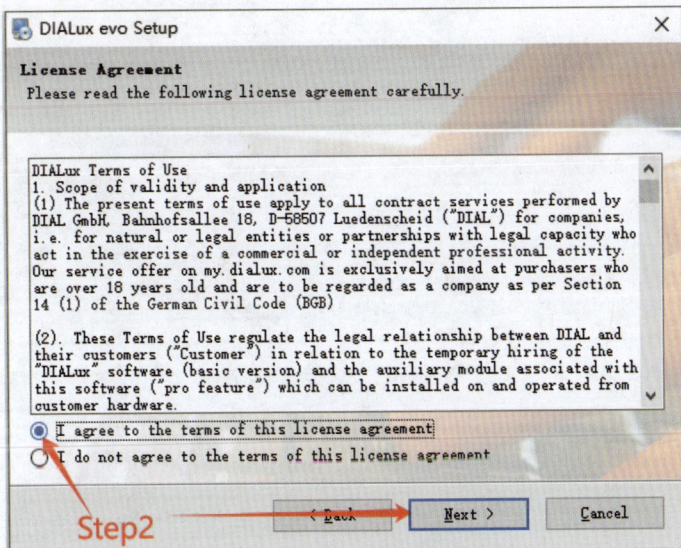

图 2-2　安装步骤（2）

【Step3】选择常用的安装位置（建议尽量不要装在C盘，容易占内存），单击"Next"

（见图 2-3）。

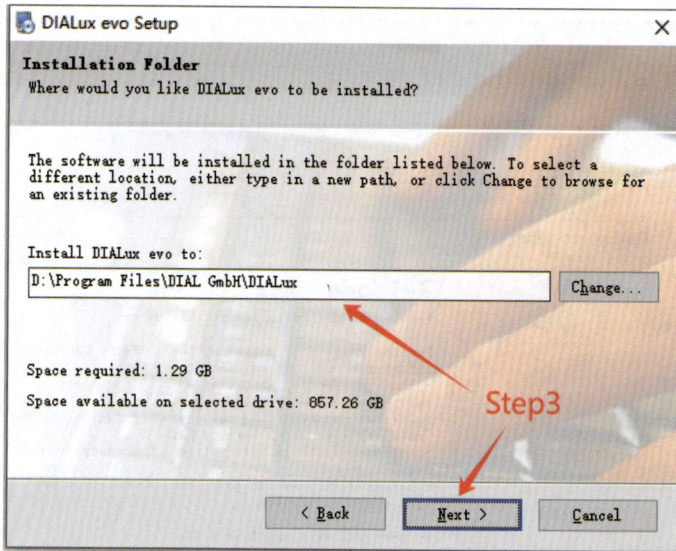

图 2-3　安装步骤（3）

【Step4】直接单击 "Next"（见图 2-4）。

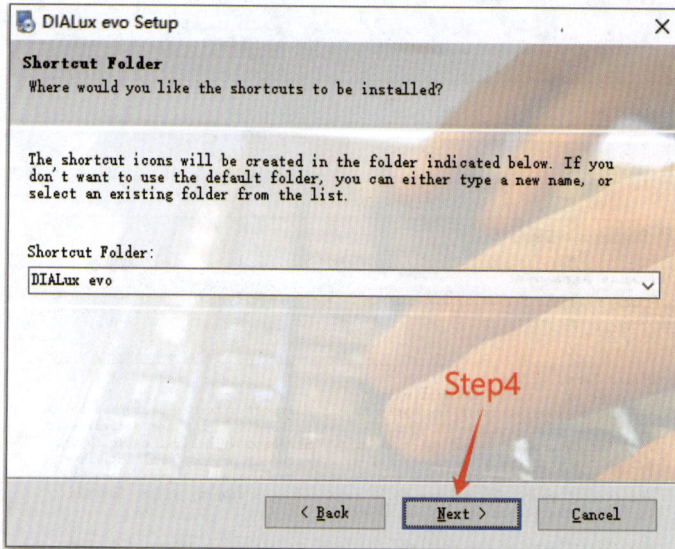

图 2-4　安装步骤（4）

【Step5】直接单击 "Next"（见图 2-5）。

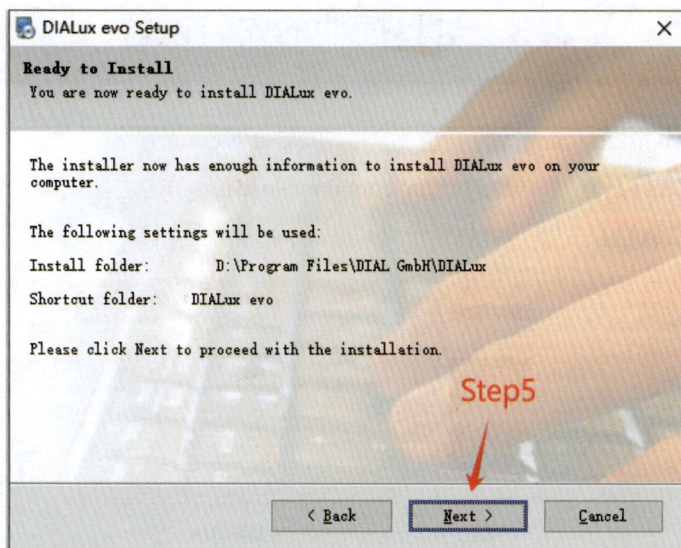

图 2-5　安装步骤（5）

【Step6】单击"Finish"，至此软件安装完成（见图 2-6）。

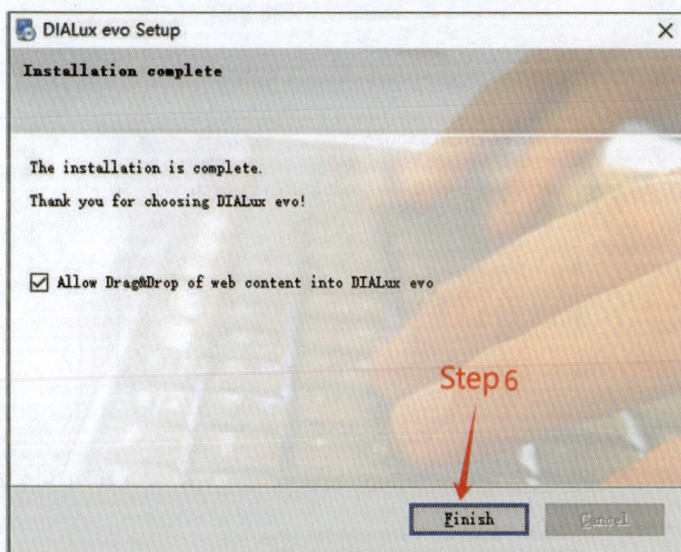

图 2-6　安装步骤（6）

2.2 DIALux evo
软件的安装设置

2.3 灯具插件的安装设置

以灯具插件iGuzzini plugin的安装为例，步骤如下：

【Step1】进入灯具官网www.iguzzini.com/downloads/，单击左侧功能栏的"Software"，找到右侧的DIALux插件，单击"Download"进行下载（见图2-7）。

图2-7 插件安装步骤（1）

【Step2】双击插件进行安装。选择默认的"English"，单击"OK"（见图2-8）。

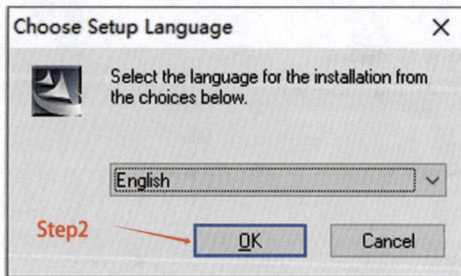

图2-8 插件安装步骤（2）

【Step3】选择默认的"Update installed version"，单击"Next"（见图2-9）。

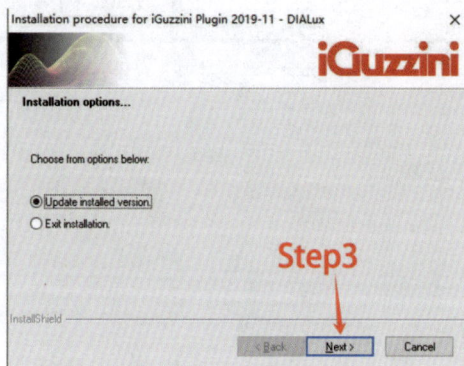

图2-9 插件安装步骤（3）

【Step4】在图框内填写内容，单击"Next"（见图 2-10）。

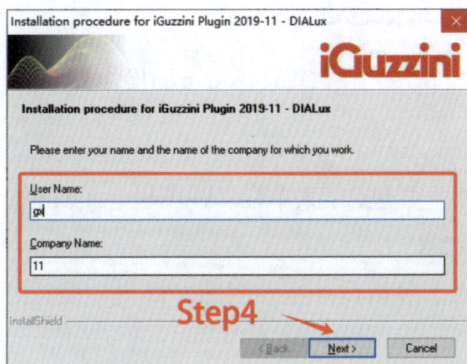

图 2-10　插件安装步骤（4）

【Step5】单击"Install"进行安装，我们只需要耐心等待安装即可（见图 2-11）。

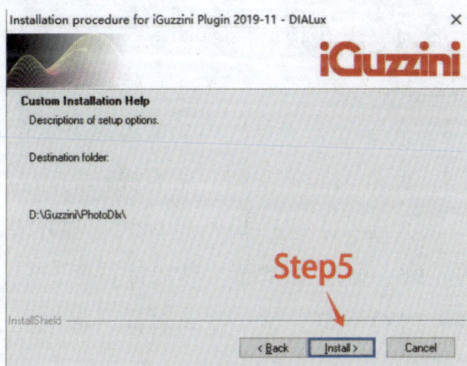

图 2-11　插件安装步骤（5）

【Step6】单击"Finish"，至此插件安装完成（见图 2-12）。

图 2-12　插件安装步骤（6）

2.3 灯具插件的
安装设置

2.4 DIALux evo软件界面介绍

在具体的操作前，我们需要了解DIALux evo的操作界面。

1. 界面布置

DIALux evo软件界面主要包含：菜单栏、视图栏、工具栏、功能栏、操作窗口、结果摘要和显示选项（见图2-13）。

顶部第一排【菜单栏】包括设计案、制图、灯光、设计元件、导出、报表、品牌库等。

顶部第二排【视图栏】包括全景、建筑物、楼层、空间、3D图、平面图、正视图、右视图、后视图、左视图、放大至整个场景、卷尺、确定坐标系统等。

左侧第一列【工具栏】包括规划图、全景、楼层及建筑物制图、门窗、建筑立面构建、工作面、空间组件、屋顶、天花板、所剪片段、家具及物件、素材、辅助线和标注、复制和排列、视图、摘要等。

左侧第二列【功能栏】，此部分为工具栏内功能键展开后的细节操作及参数设置。

右侧视口【操作窗口】，此处为操作空间，所有操作的内容呈现于此。

右上角【结果摘要和显示选项】包括显示坐标线、显示指北针、显示参考线、始终显示手动创建的区域的轮廓、显示工作面、显示计算面/点、显示格栅图、显示图形结果、显示配光曲线、显示LEO设定、显示空间名称、显示白天或黑夜、显示伪色图、隐藏灯光纹路、显示灯光可视化、显示能源消耗量等。

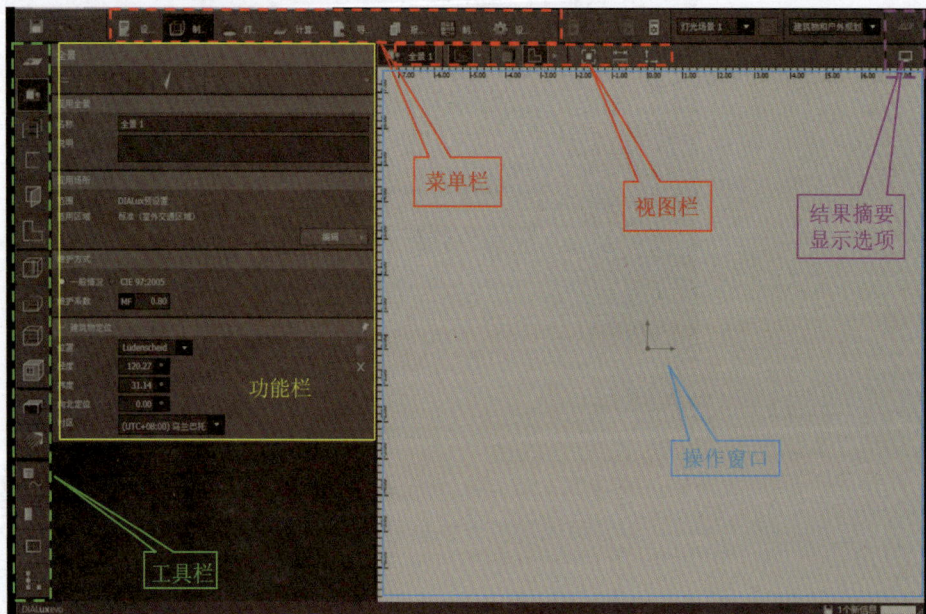

图2-13 DIALux evo软件界面

2. 设计案菜单

"设计案"主要是对项目的基本信息进行编辑，包括项目名称、摘要、日期、地址、说明、项目图片等（见图 2-14）。

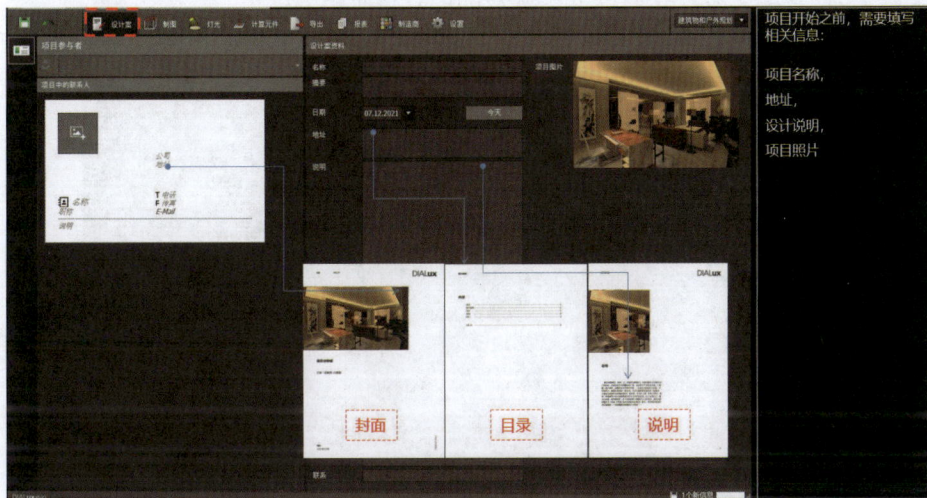

图 2-14　设计案界面

3. 制图菜单

制图是最常使用的菜单，利用它可以进行 CAD 图纸的导入、新建建筑、添加楼层、空间建模、空间组件的构建、家具的添加、材质贴图设置、辅助线与标注的使用、视角的保存等（见图 2-15）。

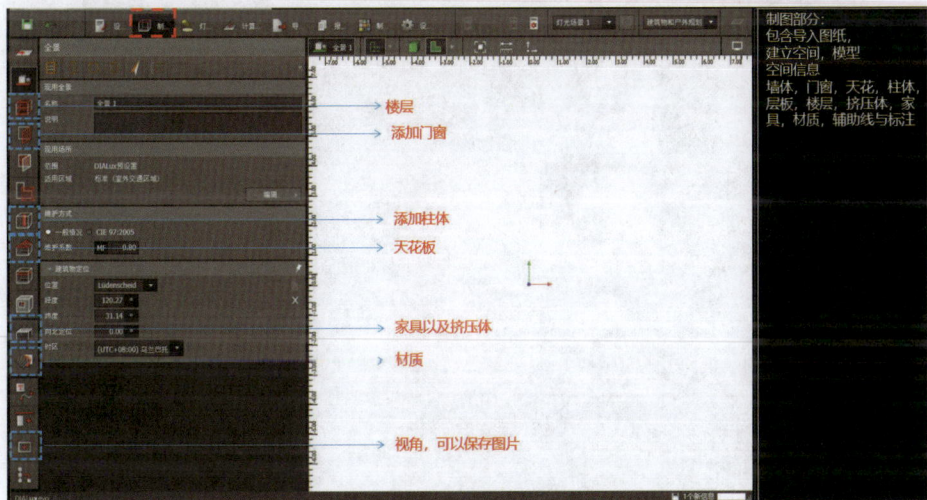

图 2-15　制图界面

提示：

DIALux evo 软件自带模型库（见图 2-16）：家具及物体—选择—目录—对象目录，

涵盖了多个业态，当然也可外部加载模型，但加载的模型往往比较大，后期计算的时候易出现卡顿、报错、闪退等现象。

同时 DIALux evo 软件自带了材质库（见图 2-17、图 2-18）：素材—选择—目录—材料目录／色彩目录。当然，我们也可以从外部加载材质贴图。

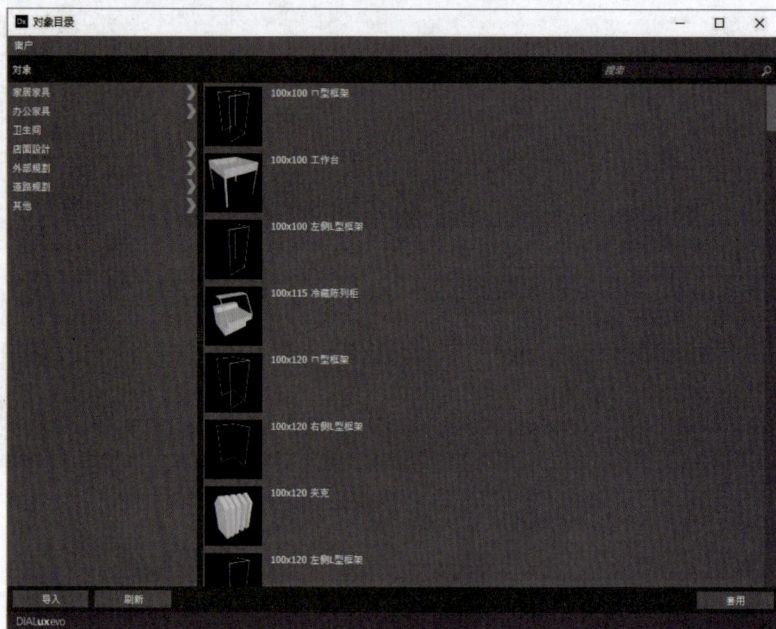

图 2-16　模型库界面

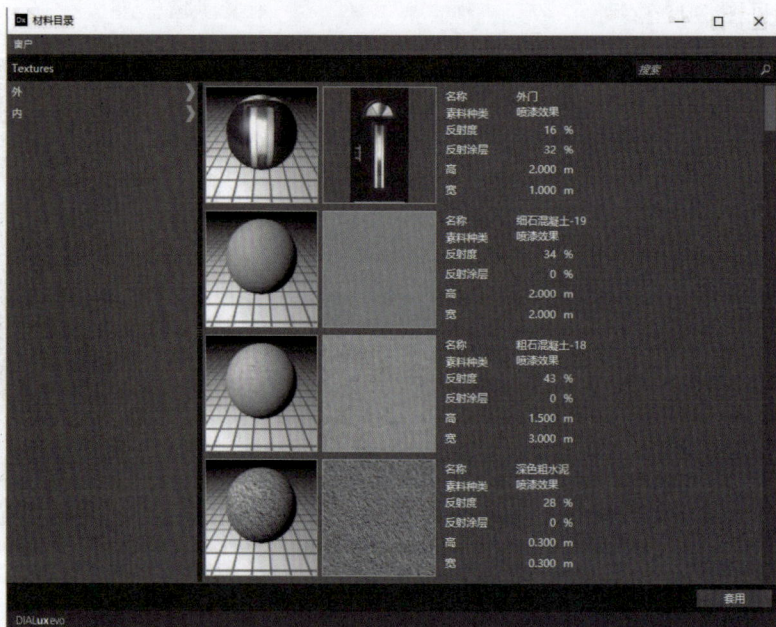

图 2-17　材质库界面（1）

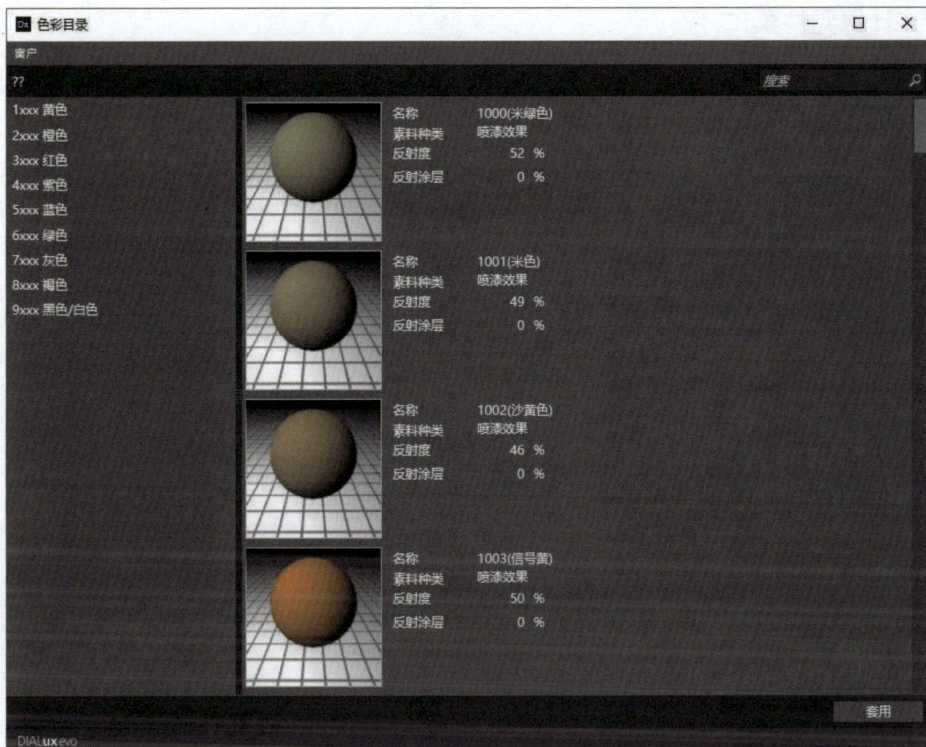

图 2-18　材质库界面（2）

4. 灯光菜单

置入单灯或按一定的设定形式置入多盏灯、修改灯光的参数、调节灯具的照射角度、设置不同的灯光场景等（见图 2-19）。

图 2-19　灯光界面

5. 计算元件菜单

在此处置入计算面并设置计算面参数，可以是单个的计算点、矩形计算面、多边形计算面，也可以选择物体的表面为计算面（见图 2-20）。

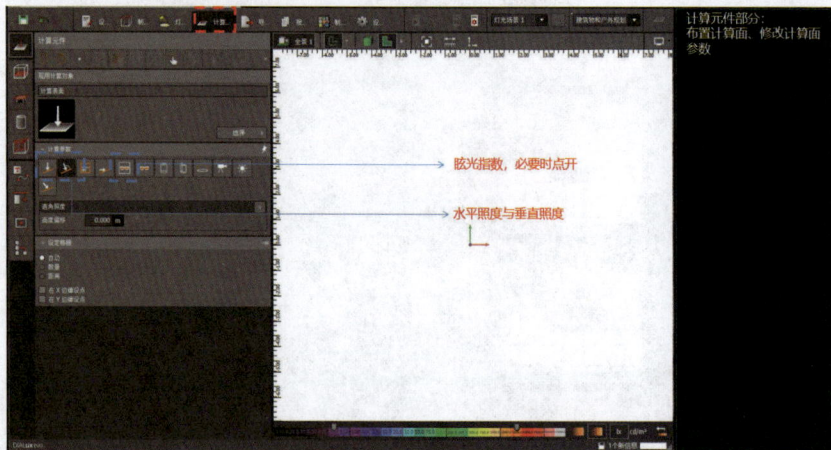

图 2-20　计算元件界面

6. 导出及品牌库菜单

在导出菜单中，我们可以在此保存需要导出的视角，通过光线追踪功能，使渲染的效果图更为真实，尤其是在有玻璃、金属的情况下（见图 2-21 至图 2-23）。

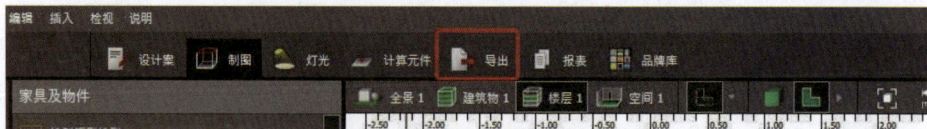

图 2-21　导出界面

图 2-22　保存界面

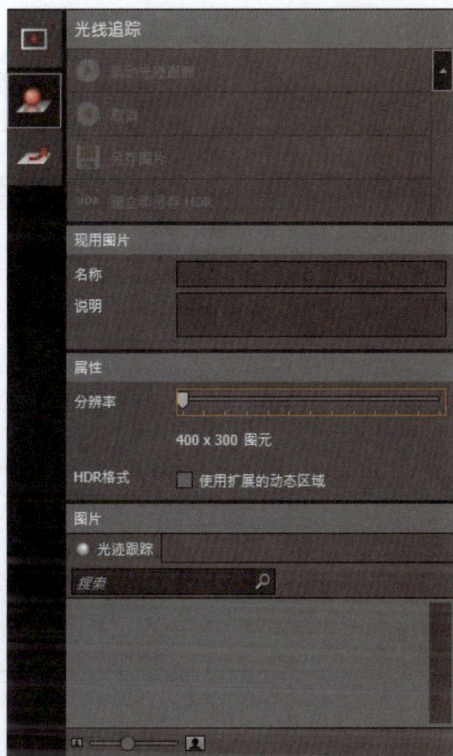

图 2-23　光线追踪界面

品牌库内均为与 DIALux evo 合作的灯具厂商，我们可以使用这些线上灯具厂商的插件选择我们需要的相应灯具 IES 文件（见图 2-24）。

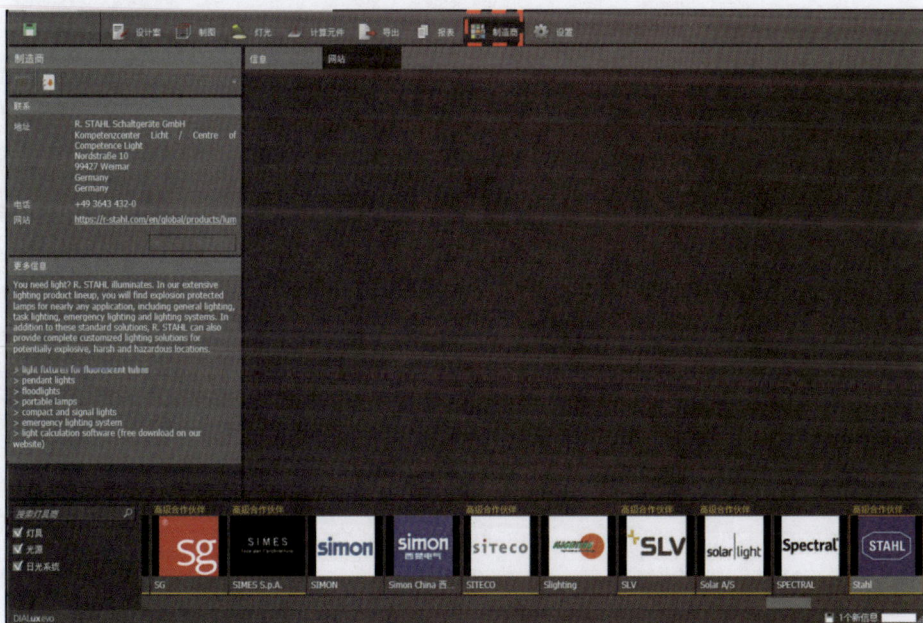

图 2-24　品牌库界面

7. 报表菜单

报表的生成建立在了解层级关系的基础上，明白全景、建筑物、楼层、空间之间的关系，清楚地知道所需要的报表在哪个层级下面（见图 2-25）。

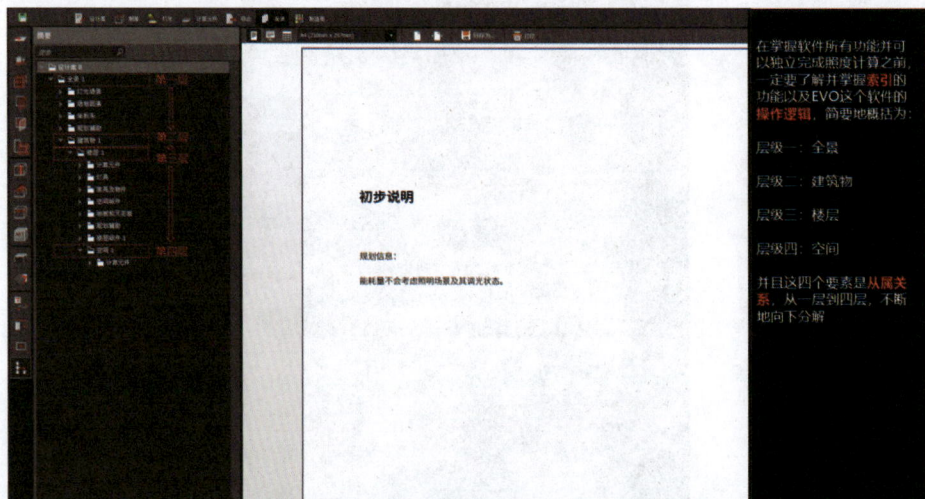

图 2-25　报表界面

2.4 DIALux evo
软件界面介绍－1

2.4 DIALux evo
软件界面介绍－2

2.5　DIALux evo灯具插件品牌库介绍

　　DIALux evo软件内的品牌库均为与DIALux evo软件合作的灯具厂商，包含了很多国际/国内的一线品牌，涵盖商业、家居、餐饮、酒店、办公、宗教、公共空间、医疗空间、建筑、景观等各个业态的灯具，在我们做照明设计时足够我们使用（见图2-26至图2-28）。

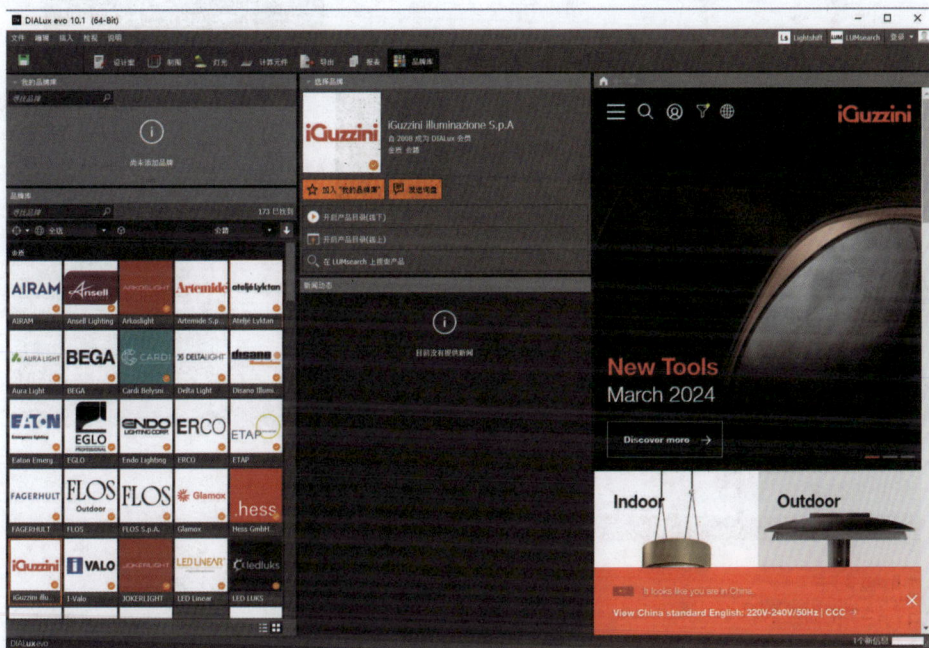

图 2-26　DIALux evo 软件内品牌库

图 2-27　常用灯具品牌

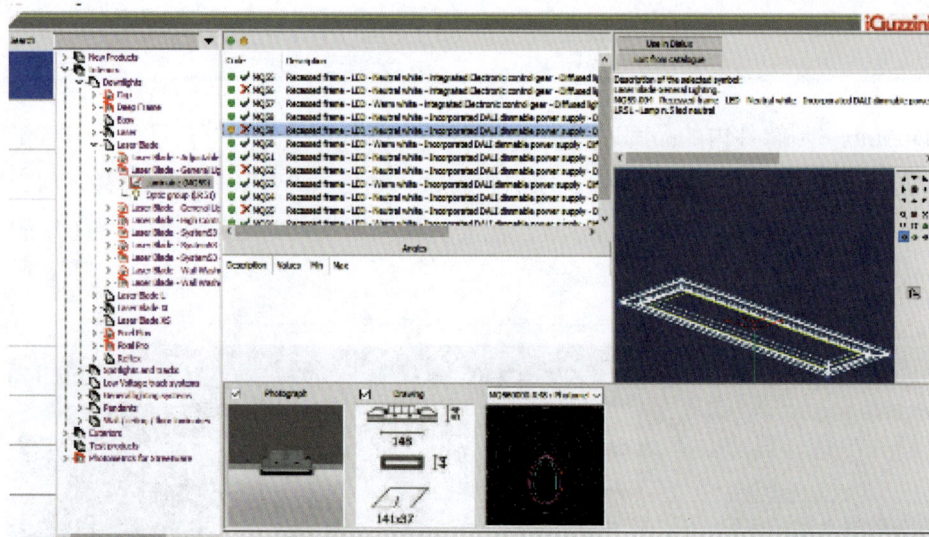

OPPLE
欧普照明

MDP017018/L-1-LED灯盘-4000K-专业型
嵌入式灯具

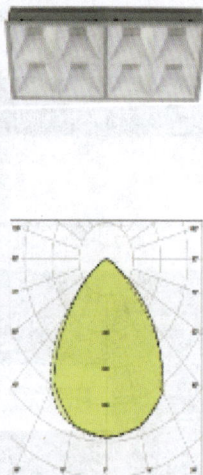

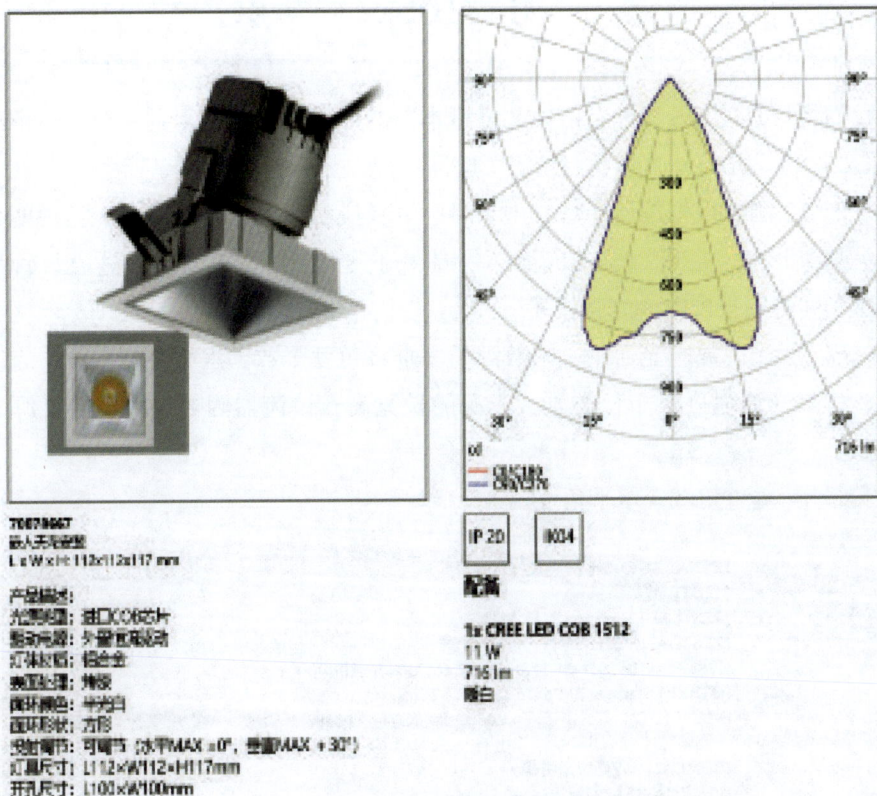

图 2-28 灯具插件界面

　　我们可以使用这些线上灯具厂商来选择灯具，它会呈现完整的灯具信息，包括灯具的造型、安装方式、尺寸、功率、色温、光束角、配光曲线、光通量、调光方式等，待我们找到合适的灯具后，可以获取我们所需要灯具的相应 IES 文件，将其置入 DIALux evo 软件，即可进行布灯、照度计算的操作。

　　我们常用的一些国外品牌，包括 ERCO、iGuzzini、ZUMTOBEL、TARGETTI、linea light、BEGA、Artemide、COOPER、THORN、DELTALIGHT、FLOS、HUBBELL Lighting、OSRAM、PHILIPS、Reggiani 等。

　　常用的一些国内品牌，包括 WAC LIGHTING、VISUAL FEAST、Aero、OPPLE、NVC、CON、WEBB DECO 等。

　　提示：除了在 DIALux evo 软件内线上选择灯具及运用其 IES 文件外，我们也可以进入相应的灯具品牌官网，找到软件安装包（具体安装步骤参照 2.3 节内容），将常用的一些灯具商的插件下载后安装于自己的电脑上，这样便于我们后期灯具的查找及运用。

2.6 灯具IES文件知识

当我们将灯具的IES文件右击以“记事本”的形式打开后，得到一个数据记载的文本（见图2-29），此部分内容我们只需了解即可。

第一部分：测试报告编号、灯具型录号、灯具说明、光源型录号、光源说明、灯具制造商、灯具形状、芯片、驱动电流、色温、灯具型录号码、灯具描述、灯管型录号码、用在光度测定报告中的灯管描述。

第二部分：光源数、光通量、乘数因子、垂直角度个数、水平角度个数、光度测定法形式、灯具光通量度量单位类别、光源的长宽高、镇流器因数、镇流器光源光度因数、功率。

第三部分：垂直角度、水平角度。

第一部分

```
IESNA:LM-63-2002 <测试报告编号> ↵
[TEST] <灯具型录号>↵
[TESTLAB] StarSpec<灯具说明>↵
[TESTDATE] 2011-04-11<光源型录号>↵
[ISSUEDATE] 2011-04-11T14:20:39.468750<光源说明>↵
[OTHER] StarSpec SSP6316-D50 SYSTEM↵
[MANUFAC] <灯具制造商> C0820<形状:方形（0810：长条形    0830：弧形）>-PLA-5-10<
一百颗芯片>-N42-400<驱动电流>-4900<色温>-----（电流*电压*芯片数/转换率=整灯功率）↵
[LUMCAT] <灯具型录号码>↵
[LUMINAIRE] <灯具描述>↵
[LAMPCAT] LED<灯管型录号码>↵
[LAMP] LED<用在光度测定报表中的灯管描述>↵
```

第二部分

```
TILT=NONE<>↵
1<光源数>   12193.3<光通量>↵
1<乘数因子>   101<垂直角度个数>   37<水平角度个数>   1<光度测定法形式   C:1、B:2、
A:3>   2<灯具光通量度量单位类别   feet 英寸：1、meters 公尺：2>↵
0.3<光源长>   0.3<宽>   0<高>↵
1.0<镇流器因数>   1.0<镇流器光源光度因数>   131.1<功率>↵
```

第三部分

```
0   0.9   1.8   2.7   3.6   4.5   5.4   6.3   7.2   8.1  ↵
 9   9.9   10.8   11.7   12.6   13.5   14.4   15.3   16.2   17.1  ↵
 18   18.9   19.8   20.7   21.6   22.5   23.4   24.3   25.2   26.1  ↵
 27   27.9   28.8   29.7   30.6   31.5   32.4   33.3   34.2   35.1  ↵
 36   36.9   37.8   38.7   39.6   40.5   41.4   42.3   43.2   44.1  ↵
 45   45.9   46.8   47.7   48.6   49.5   50.4   51.3   52.2   53.1  ↵
 54   54.9   55.8   56.7   57.6   58.5   59.4   60.3   61.2   62.1  ↵
 63   63.9   64.8   65.7   66.6   67.5   68.4   69.3   70.2   71.1  ↵
 72   72.9   73.8   74.7   75.6   76.5   77.4   78.3   79.2   80.1  ↵
 81   81.9   82.8   83.7   84.6   85.5   86.4   87.3   88.2   89.1  ↵
 90   <垂直角度>↵
0   10   20   30   40   50   60   70   80   90  ↵
 100   110   120   130   140   150   160   170   180   190  ↵
 200   210   220   230   240   250   260   270   280   290  ↵
 300   310   320   330   340   350   360   <水平角度>↵
```

图2-29　IES文件参数[①]

① https://wenku.so.com/d/b47df8fa10343d6f37c3c797fb8b060a

CHAPTER 3

第 3 章

创建基础模型

学习目标

学生通过本章节的学习，能够熟练掌握 CAD 图纸的导入、空间基础模型的搭建、空间元素建模、外部模型的导入、合并及剪切运算等基础建模操作。

教学要求

通过图文的详解，让学生一步一步循序渐进地掌握建模知识点。同时，学生也可扫描二维码，观看教学视频，进一步加强对知识点的理解。

重点： 熟悉空间基础搭建的知识点、善于运用软件模型库的内容，掌握合并及剪切运算的运用。

难点： 利用合并及剪切运算功能，进行物体开槽等操作。

3.1 软件的常规设置

在项目开始前，我们需要将软件的部分常规设置按照个人的操作习惯进行修改。单击"文件"—"设置"—"一般设置/标准设置"，即可打开软件的设置页面（见图3-1）。

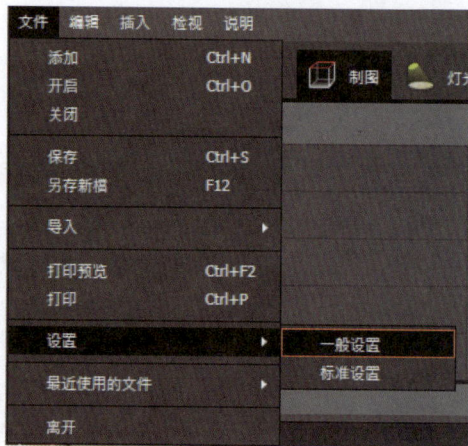

图 3-1 软件设置

在"一般设置"中，我们可以修改自动保存的时间、还原文件的数量、文件默认保存的位置、接口语言和报表语言的类型、长度单位、光度单位、尺寸标注、小数点的位数、家居、素材、版面的保存位置等。通常情况下，我们只需调整"保存的时间"和"还原文件数量"，其他参数按软件默认的设置即可（见图3-2）。

图 3-2 一般设置界面

在"标准设置"中，我们可以修改标准的类型，单击"默认值"右侧的按钮 ▼，可以看到Europa、USA、Japan三个标准，一般常用的是第一个欧标，其他参数按默认的数值设置即可（见图3-3）。

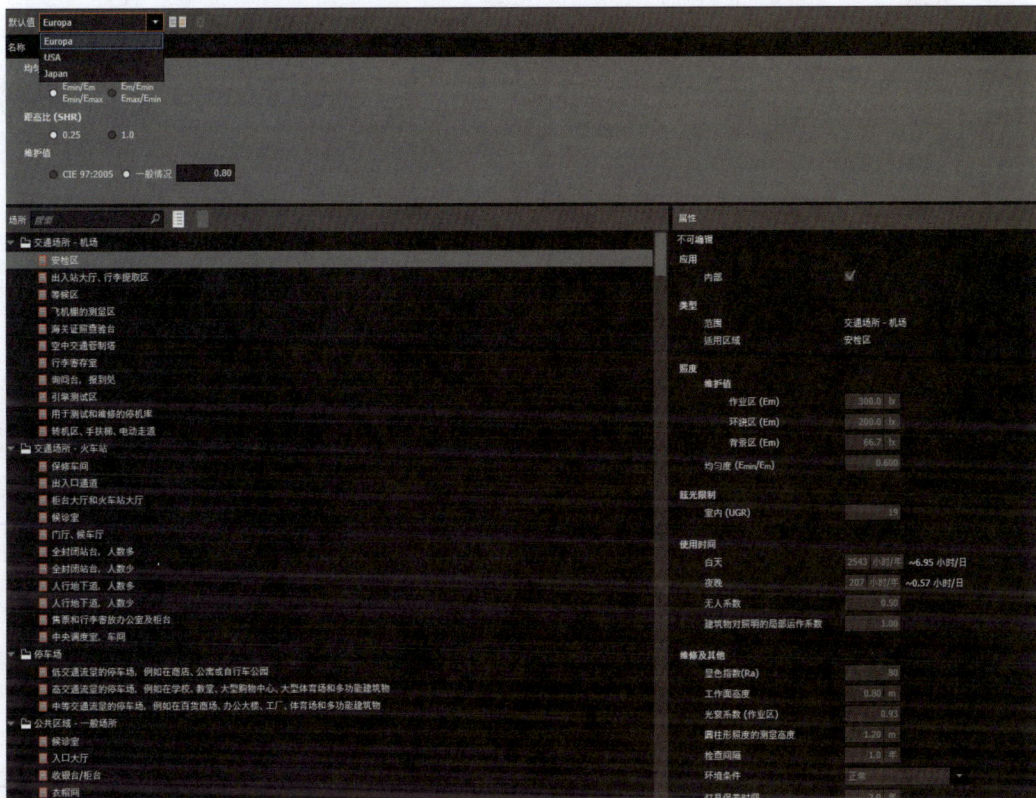

图 3-3　标准设置界面

提示：

维护系数会关系到照度测算的值，一般室内的环境可以使用"0.8"，室外环境相对恶劣一些，可以根据实际情况适当下调（见图3-4）。

图 3-4　维护系数

3.1 软件的常规
设置

3.2 设计案资料录入

在进行项目案例设计前，我们需要将设计案资料信息先进行录入操作，包括项目名称、项目的一些摘要内容、设计的日期、项目的地址、项目其他的一些说明、设计师的联系方式、项目的图片等（见图3-5至图3-8）。

图 3-5　设计案资料界面（1）

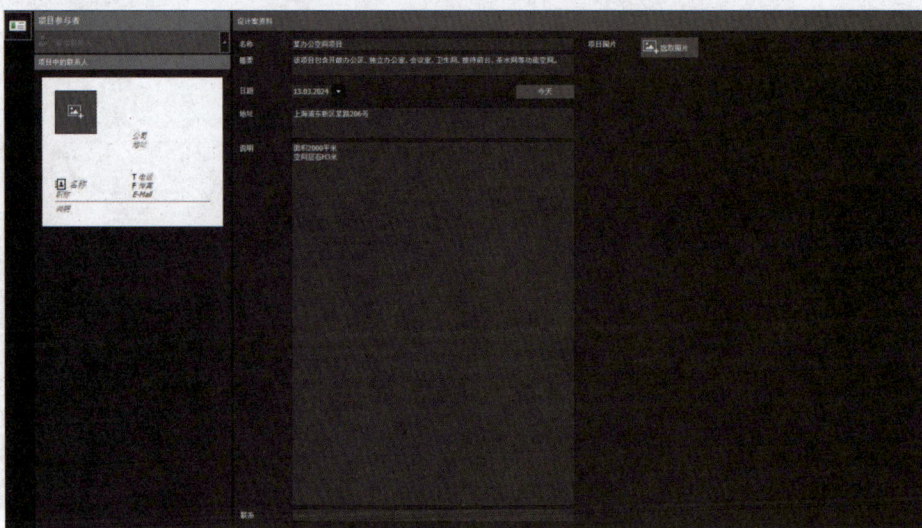

图 3-6　设计案资料界面（2）

图 3-7　设计案资料界面（3）

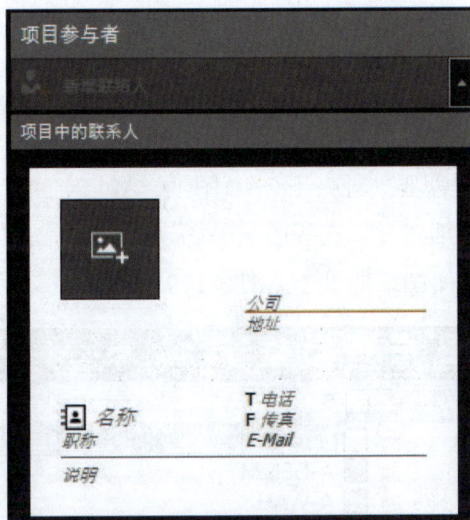

图 3-8　设计案资料界面（4）

这些录入的信息均应是符合项目设计的实际信息，录入后，这些资料信息将会在我们最后导出的报表上呈现，使照度计算设计报表呈现得更为正规、更为完整（见图 3-9）。

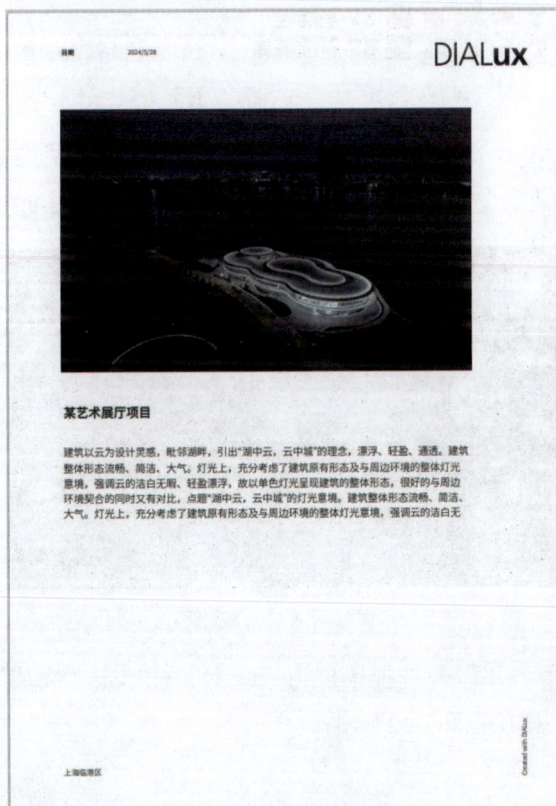

图 3-9　报表封面

3.2 设计案资料录入

3.3 CAD图纸的导入

【Step1】我们绘制的空间一般都是基于CAD图纸的平面、天花布局，因此在进行DIALux evo建模前，我们需要处理一下CAD图纸，将与空间建模、照明无关的图层关闭，例如辅助线、喷淋、烟感、填充等图层，只需单击相应图层前面的小灯泡，然后按"Ctrl+S"保存图纸后，关闭图纸即可（见图3-10）。

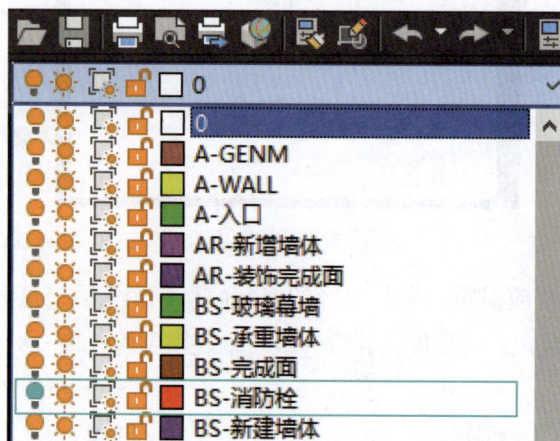

图 3-10 CAD图层界面

【Step2】打开DIALux evo软件，单击"制图"—"规划图"—"载入图纸"，找到对应CAD图纸的文件夹，选中图纸后单击"打开"导入CAD图纸（见图3-11）。

图 3-11 导入CAD底图（1）

【Step3】单击"下一步"—选择单位为"毫米"—单击"完成"，这样就将图纸导入了DIALux evo软件中（见图3-12）。

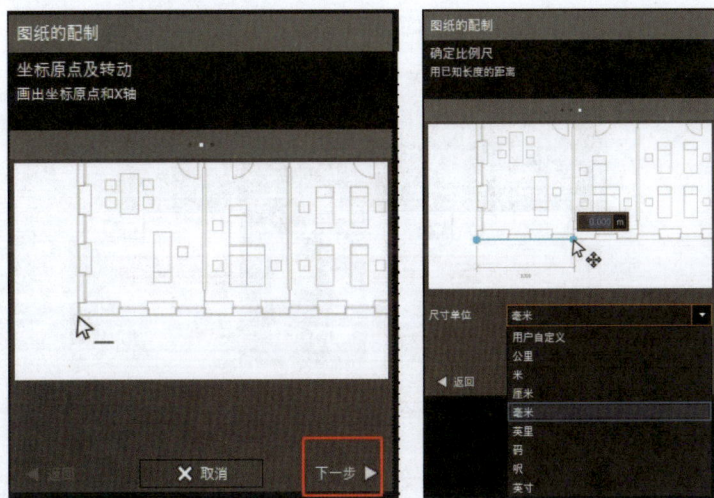

图 3-12 导入CAD底图（2）

提示：

（1）DIALux evo软件每次只能导入一张图纸，若需导入多张图纸，则需要分批次导入。

（2）当导入的天花图和平面图出现错位的现象时，可以单击"将图纸移位"，通过点对点的方式移动图纸，从而使天花和平面两张图重合（见图 3-13）。

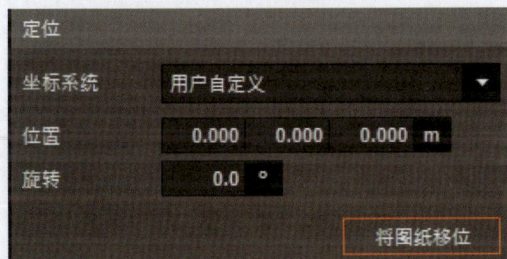

图 3-13 图纸移位

（3）若CAD图纸后期有修改，则可以通过右击图纸—单击"刷新"来更新DIALux evo软件内的图纸（见图 3-14）。

图 3-14 更新CAD底图

（4）可以通过"显示图纸"来调取或隐藏我们所需要的图纸（见图 3-15）。

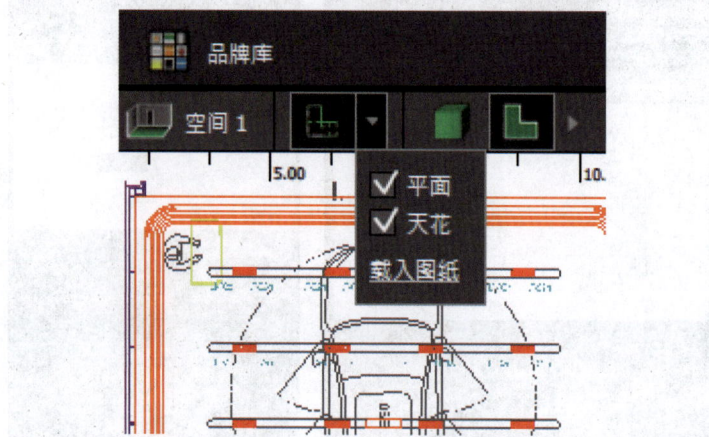

图 3-15　显示/隐藏CAD底图

3.3 CAD 图纸的
导入

3.4 空间模型搭建

DIALux evo照度测算中非常重要的一步是模型搭建，本节我们会通过细致的学习，逐步完成模型空间的搭建。首先我们来看一下建模操作界面。

全景：（1）该菜单栏下包含"添加建筑物、绘制矩形地面组件、绘制圆形地面组件、绘制多边形地面组件、绘制指北针、复制建筑物"等。一般创建空间前都需要先添加建筑物，当我们需要制作室外规划时，还需要绘制地面组件即创建地面，必要时也需要绘制指北针。（2）关于维护系数，室内的值一般是0.8，根据室外环境恶劣程度相应做出调整。（3）如果需要进行日光计算，则需要根据建筑物坐落位置调整"建筑物定位"（见图3-16、图3-17）。

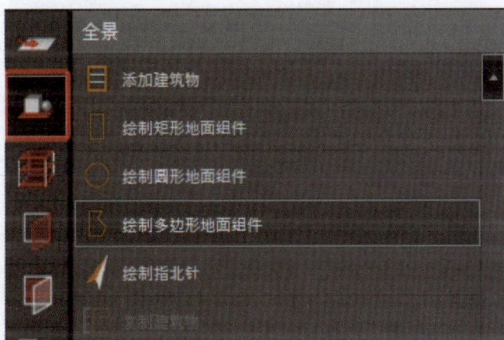

图 3-16 建模操作界面（全景）

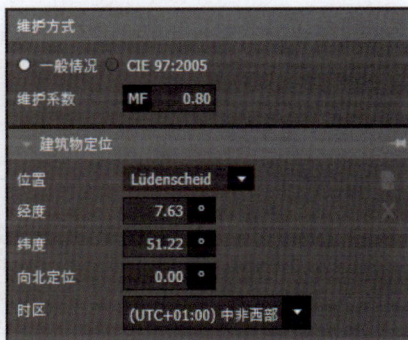

图 3-17 建筑物定位调整

楼层及建筑物制图：该菜单下包含"绘制新的房间、绘制内部轮廓、绘制新的外部草图、添加楼层、复制楼层"，当我们添加完建筑物后，只是绘制了建筑物的内轮廓，想要形成空间就必须"绘制内部轮廓"。如果在同一个楼层中有多个独立的空间，我们可以通过"绘制新的房间"来完成新空间的建模。当同一个建筑有多个楼层时，我们可以通过"添加楼层"来实现。假如是相同楼层，我们可以通过"复制楼层"来实现。在属性面板中，我们可以修改楼层的名字及高度和地板的厚度（见图3-18、图3-19）。

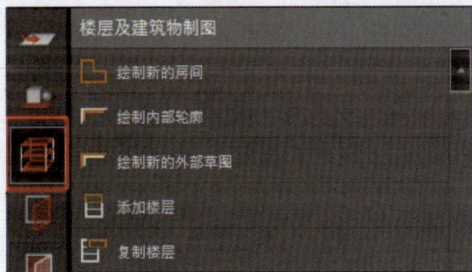

图 3-18 建模操作界面（楼层及建筑物制图）

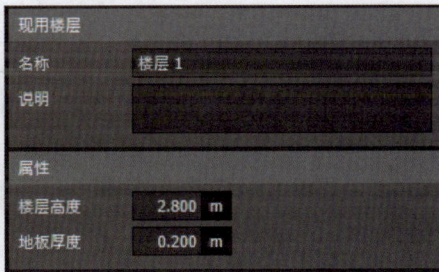

图 3-19 楼层属性修改

门窗：在此功能栏下进行门窗的建模，包含"放置门窗、添加门窗、依据墙壁厚度调整门窗、替换门窗、替换所有门窗、载入日光系统文件"等。在日光计算中，放置门窗是必要的操作。在属性栏内，我们可以修改门窗的尺寸（见图3-20、图3-21）。

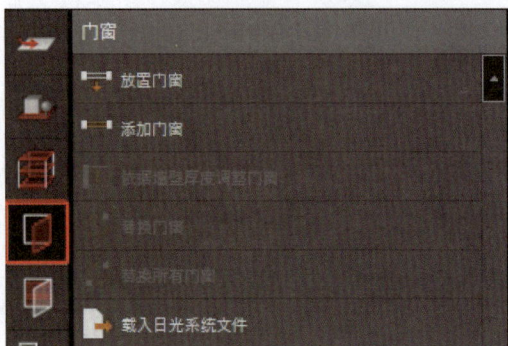

图3-20　建模操作界面（门窗）

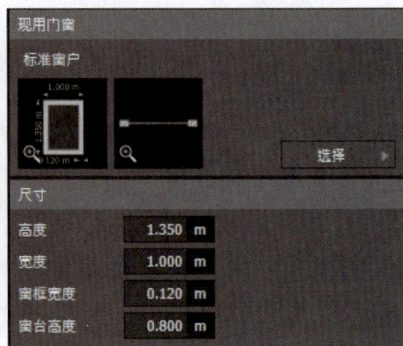

图3-21　门窗尺寸修改

建筑立面构件：包含"添加建筑立面系统、更换选定的建筑立面构件、更换该类型的所有建筑立面构件、载入日光系统文件、传输层面配置"，此部分的内容在照度测算中运用不多，我们可以简单地理解为对外立面幕墙的添加，例如我们需要对添加的门窗百叶进行处理等（见图3-22、图3-23）。

图3-22　建模操作界面（建筑立面构件）

图3-23　门窗百叶

工作面：包含"绘制矩形、绘制圆形、绘制多边形、剪切区域"，一般在空间生成的时候，就自带了一个默认的工作面，若无法满足我们的设计需求，也可以使用以上绘制界面自行绘制工作面，还可以修改该工作面的名称及高度（见图3-24、图3-25）。

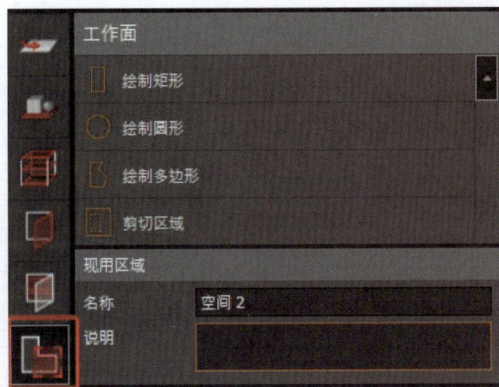

图 3-24　建模操作界面（工作面）　　　图 3-25　修改工作面

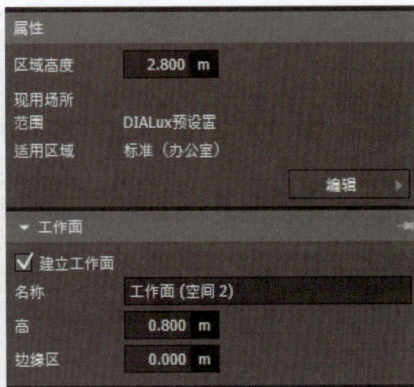

　　空间组件：包含"绘制长方形空间组件、绘制圆形空间组件、绘制多边形空间组件"，当空间中出现立柱、天花板、斜坡、平台等，我们可以运用空间组件来绘制。空间组件的类型有"圆柱、平台、平面天花板、斜坡、方柱"，我们常用的空间组件主要是"圆柱、方柱"（见图 3-26）。

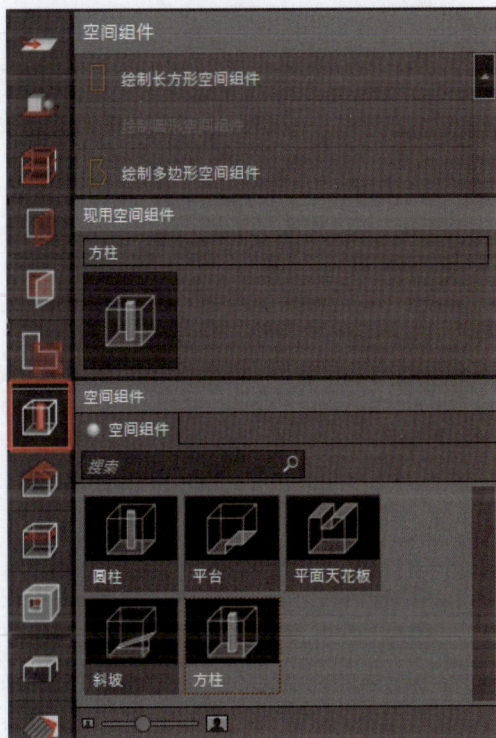

图 3-26　建模操作界面（空间组件）

　　屋顶：包含"自动放置屋顶、绘制屋顶"，此功能在日常的建模中运用得不多，我们也可以使用软件内现有的屋顶类型，通过修改属性参数调整屋顶尺寸（见图 3-27）。

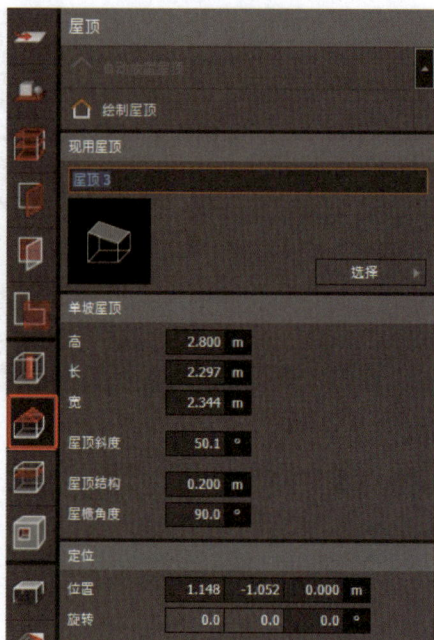

图 3-27　修改屋顶属性参数

天花板：包含"置入天花板、绘制天花板、调整天花板"，我们可以运用该功能绘制简易的天花板（见图 3-28）。如果天花板造型复杂，则该功能就无法满足了，后面我们会进行复杂天花板的教学。

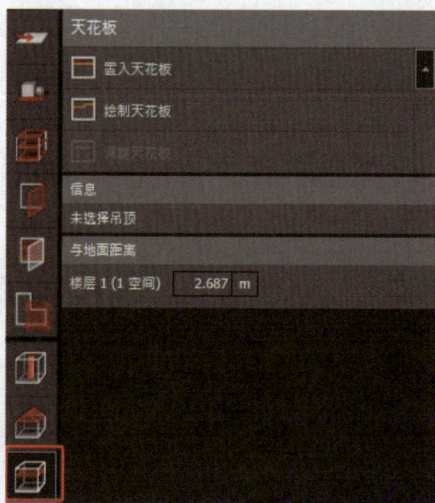

图 3-28　建模操作界面（天花板）

所剪片段：包含"矩形剪裁片段、圆形剪裁片段、多边形剪裁片段"，当我们遇到挑空层需要对楼板进行开洞时，就可以运用该功能，这也是我们常用的挖洞工具（见图 3-29、图 3-30）。那么问题来了，在进行日光计算的时候，是否可以运用所剪片段进行空间的开洞呢？答案是不可以，在日光计算中，软件只默认门窗的开洞形式。

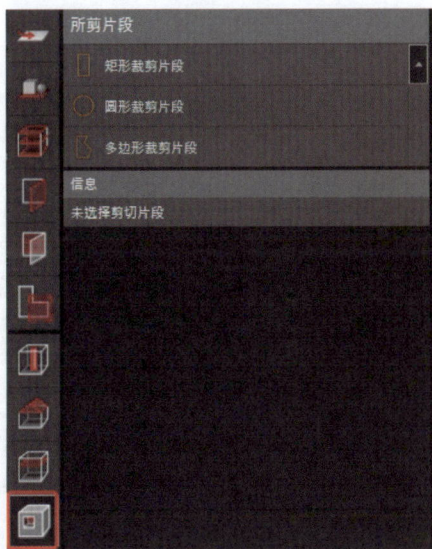

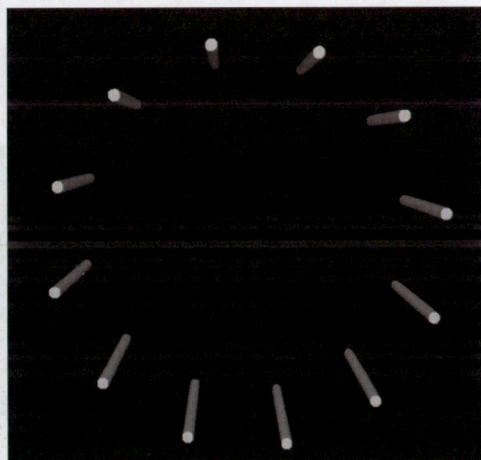

图 3-29 建模操作界面（所剪片段）　　　　　　　　图 3-30 挖洞

　　家具及物件：包含"绘制矩形排列、绘制多边形排列、绘制圆形排列、绘制直线排列、置入单个物件、绘制挤压体、自动放置空间需要的灯具量、替换所选物件、更换该类型的所有对象"，我们可以运用阵列的形式一键放置物体，可以运用绘制挤压体来绘制一些稍微复杂的家具（见图 3-31、图 3-32）。

图 3-31 建模操作界面（家具及物件）　　　　　　　图 3-32 建模操作界面

　　接下来我们一起通过一个小案例来进行建模练习。

【Step1】首先绘制平面建筑空间，单击显示平面图纸（见图 3-33）。

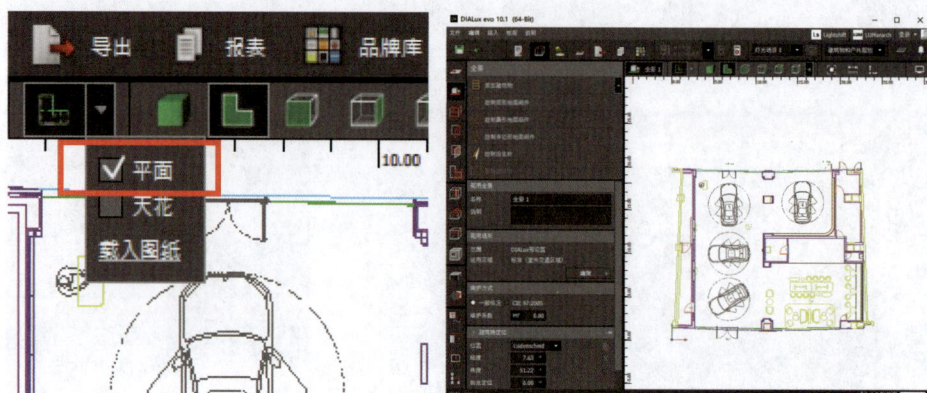

图 3-33　调出平面图

【Step2】单击"制图"—"全景"—"添加建筑物"，沿着图纸的外轮廓线添加新的建筑物（见图 3-34）。

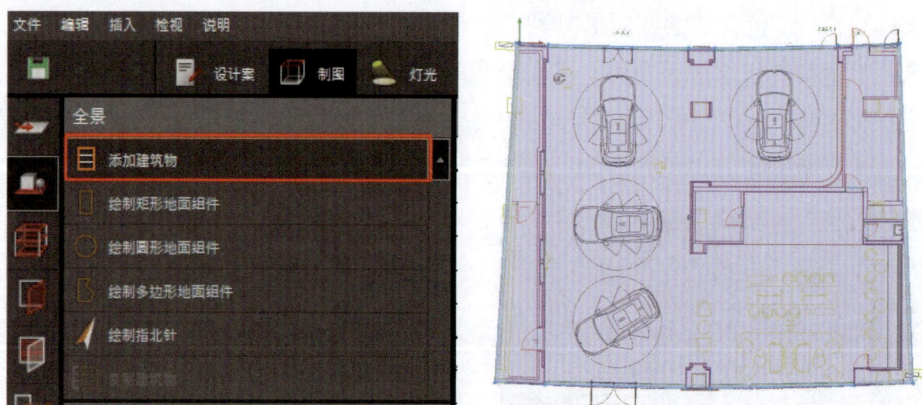

图 3-34　添加新的建筑

【Step3】单击"制图"—"楼层及建筑物制图"—"绘制内部轮廓"，沿着图纸的空间内轮廓线添加新的空间（见图 3-35）。

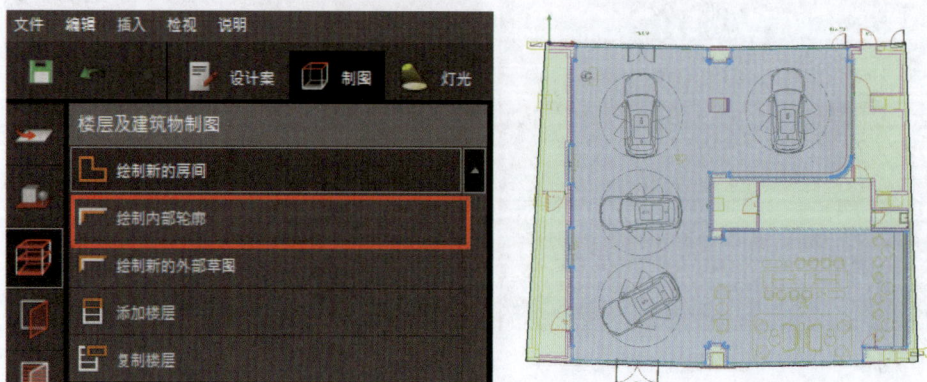

图 3-35　绘制新的空间

【Step4】当发现绘制完的空间不是很完美、需要修改时，可以在"楼层"和"楼层及建筑物制图"的状态下，单击需要修改的轮廓线进入编辑状态，右击鼠标即出现"添加点、删除点、添加多边形、删除"，即可编辑轮廓线（见图3-36）。

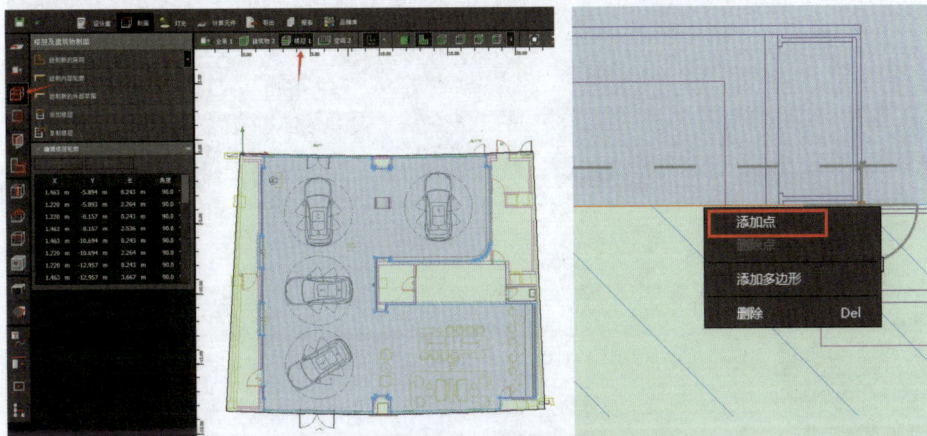

图 3-36　修改空间

【Step5】调整空间高度，单击"制图"—"楼层及建筑物制图"—修改"楼层高度"（见图3-37）。

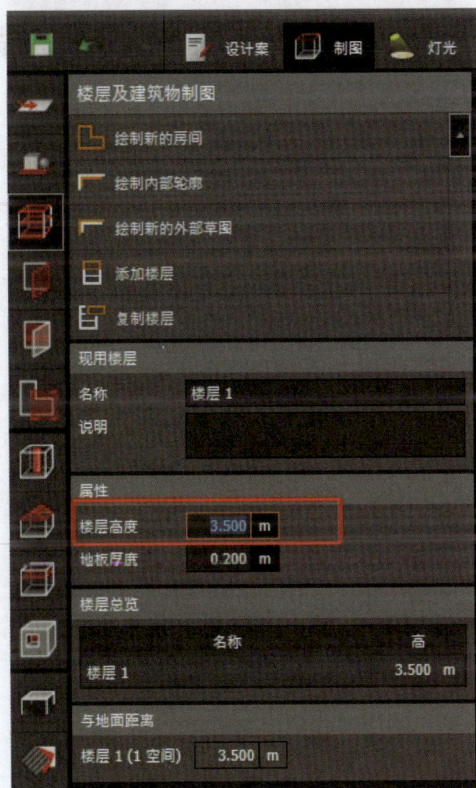

图 3-37　修改空间层高

【Step6】在三视图中可观测建好的空间模型（见图3-38）。

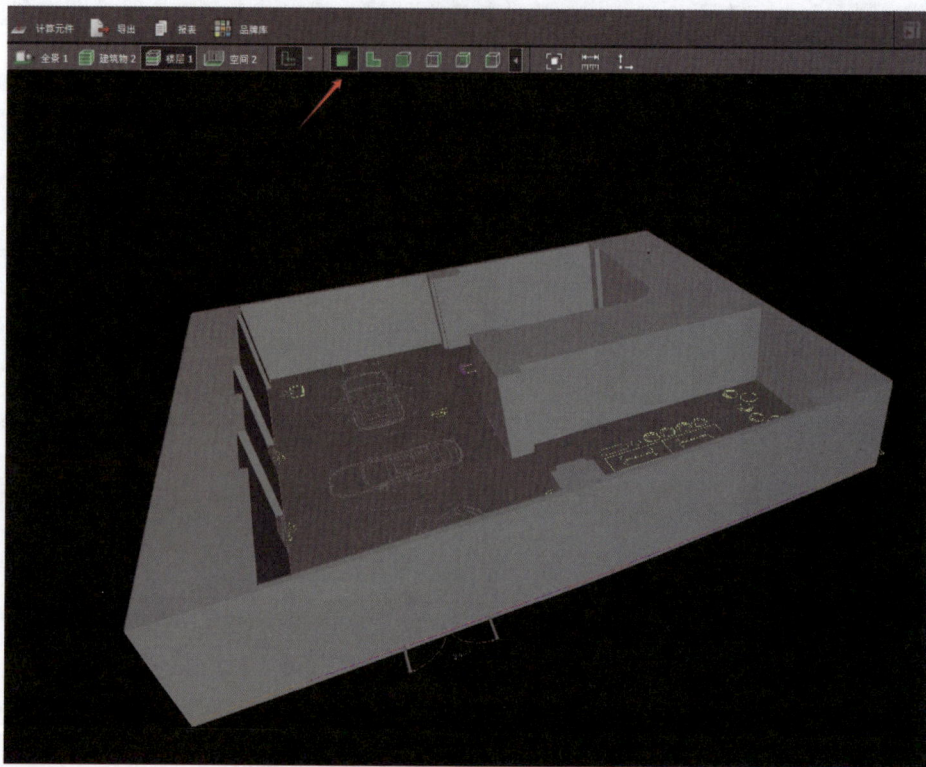

图 3-38　在三视图中显示空间效果

3.4 空间模型
搭建

3.5　空间层级关系

在软件的视图栏内，有"全景""建筑物""楼层""空间"四项内容，弄清楚这四项的空间从属关系，可以很好地帮助我们观察所建的模型。在前面的软件界面介绍时我们详细描述过它们的区别，在这里我们利用目前所建的空间模型来进一步展开讲解。

首先，我们将已建的建筑进行复制粘贴，并对其建筑、楼层、空间进行单独命名。

【Step1】进入"全景"的状态下，复制建筑（Ctrl+C），粘贴建筑（Ctrl+V），将其上下叠放（见图3-39），这样我们就得到了2个一模一样的楼层。

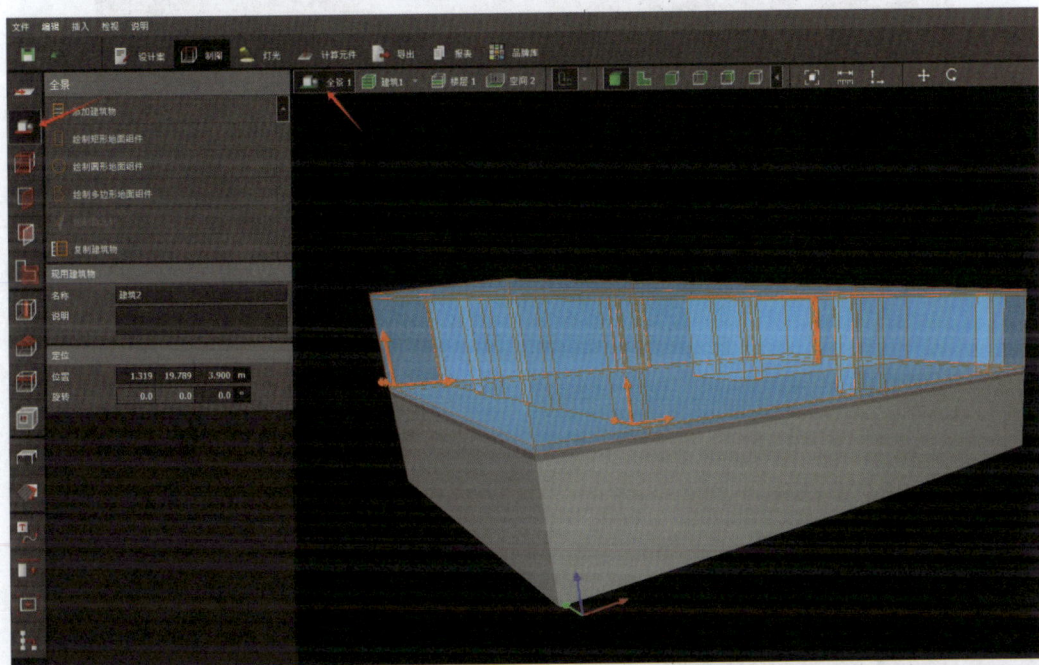

图 3-39　复制建筑

【Step2】接下来我们对建筑进行命名，在"全景"的状态下，选中上面那个楼层命名为"建筑2"，选中下面那个楼层命名为"建筑1"，这样在视图栏内的建筑就被区分开了（见图3-40、图3-41）。

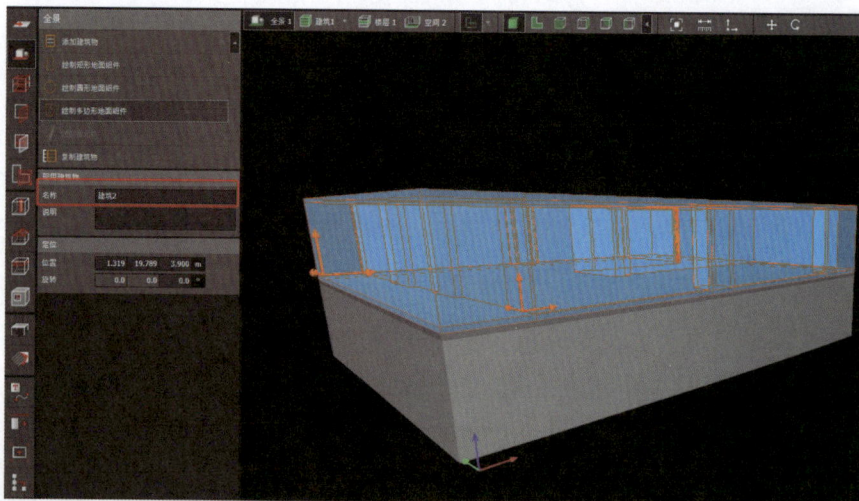

图 3-40　命名建筑及建筑显示（1）

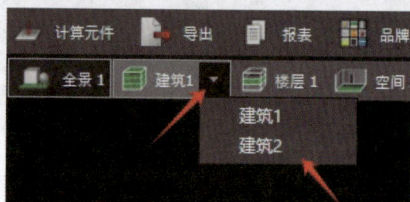

图 3-41　命名建筑及建筑显示（2）

【Step3】同理，我们可以对楼层进行命名，在"建筑"—"楼层及建筑物制图"的状态下，选择"建筑物 1"命名为"1F"，选择"建筑物 2"命名为"2F"（见图 3-42）。

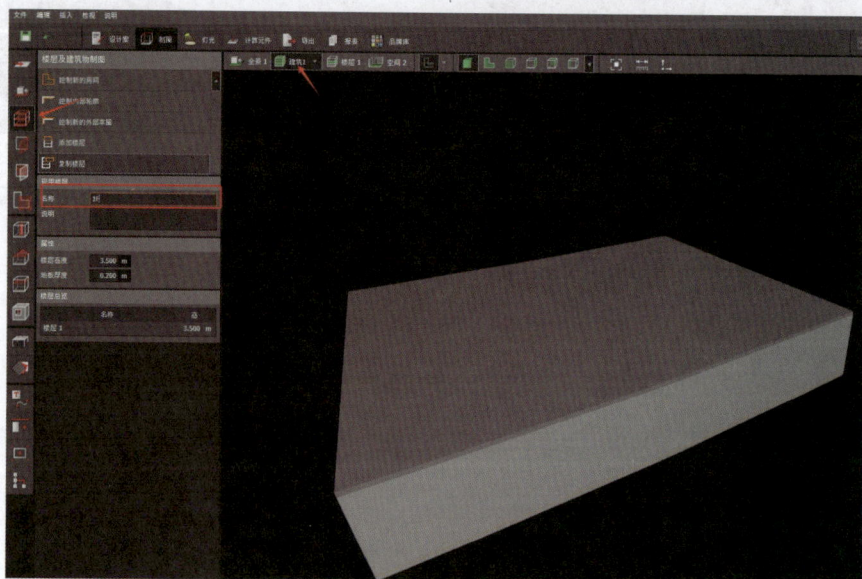

图 3-42　命名楼层

【Step4】接下来我们进行空间的命名。与建筑和楼层的命名有所区别，在"建筑1"和"工作面"的状态下，命名为"主空间"，选择"建筑2"，命名为"辅空间"（见图 3-43）。

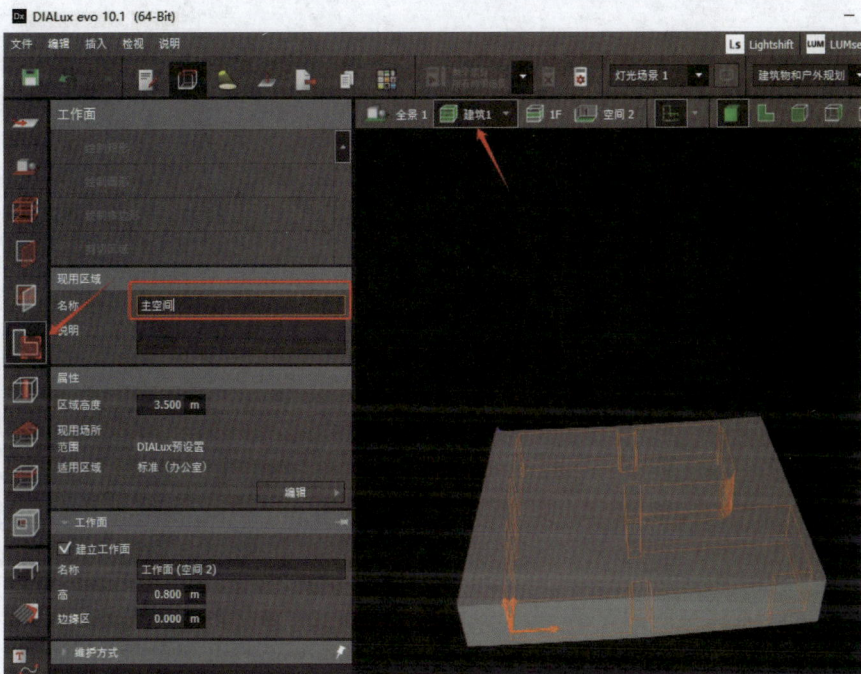

图 3-43 命名空间

接下来，我们看一下"全景、建筑、楼层、空间"相互之间的区别和联系。

在"全景"层级下，我们可以观测到所有的建筑，但是无法观测到建筑内部空间（见图 3-44）。

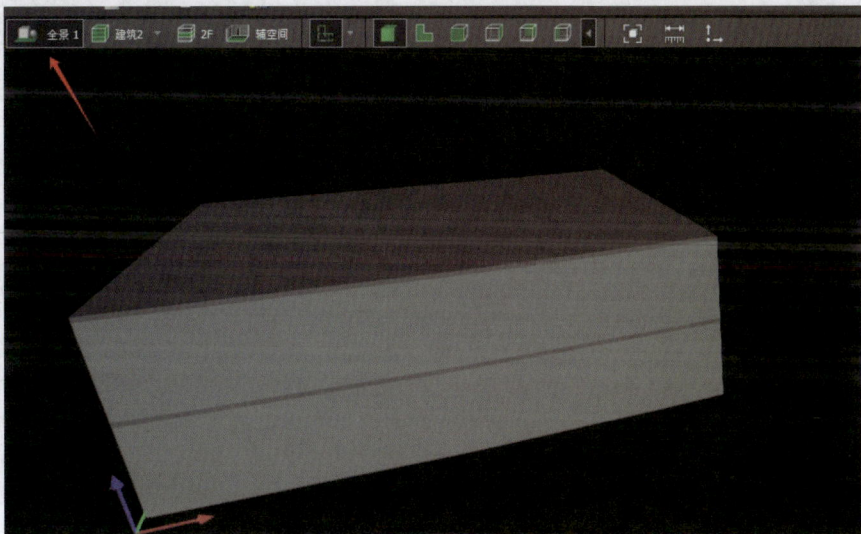

图 3-44 "全景"层级

在"建筑"层级下,我们仅可以观测到我们所选取的某个单一建筑的外墙体形态,无法观测到建筑内部空间(见图3-45)。

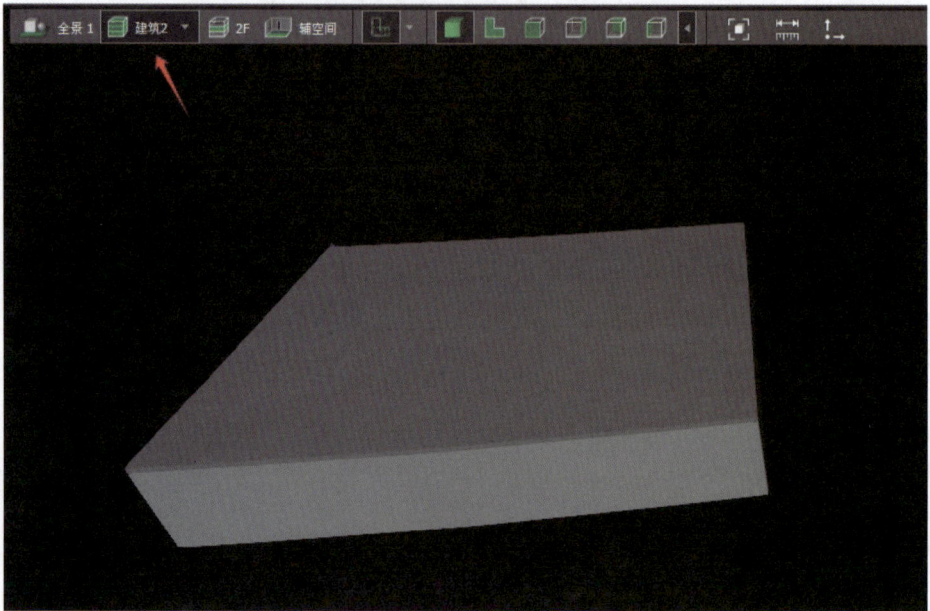

图 3-45 "建筑"层级

在"楼层"层级下,我们可以观测到我们所选取的某个单一建筑的内部空间,同时,建筑的外墙体也可以一并观测到(见图3-46)。

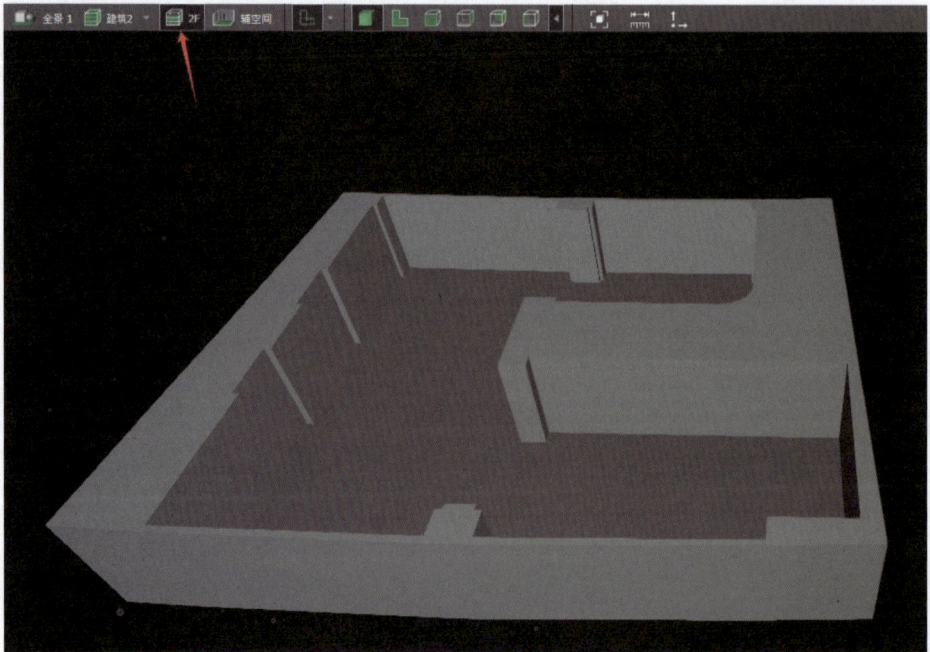

图 3-46 "楼层"层级

在"空间"层级下，我们可以很好地观测到我们所选取的某个单一建筑的内部空间，此时，建筑外墙体是不显示的（见图 3-47）。

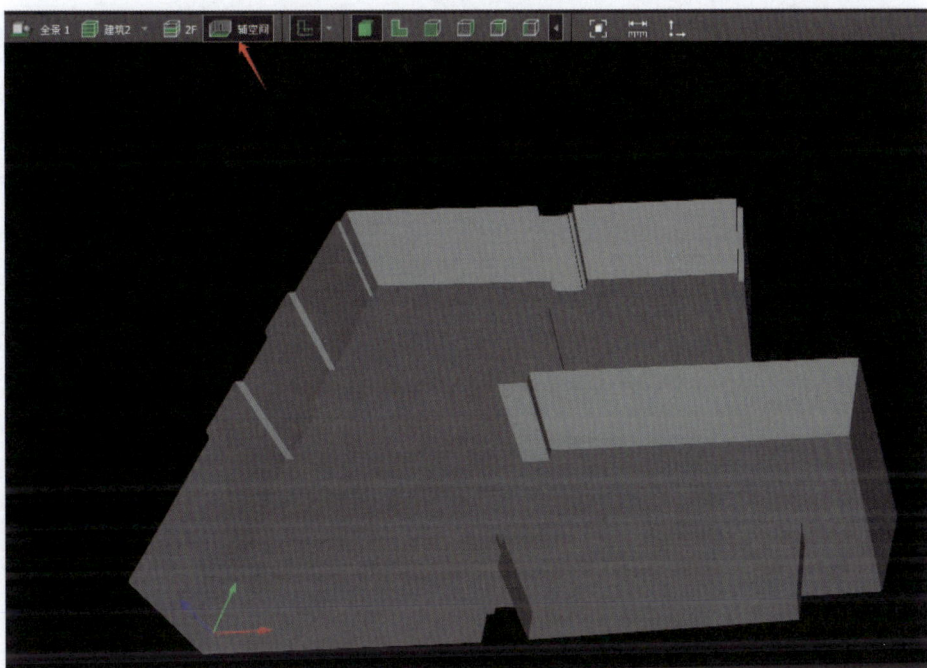

图 3-47 "空间"层级

3.5 空间层级
关系

3.6　空间元素建模

空间模型搭建只是完成了主体空间的范围，内部空间元素才是丰富模型的重要部分，本节我们进入空间元素的建模。空间元素分为两大类：第一类包括主体墙、立柱、梁、门窗；第二类包括家具模型。

首先我们来学习第一类：主体墙、立柱、梁、门窗的建模。

1. 空间立柱的建模

【Step1】在"制图"栏下选择"空间组件"，可以看到现有的空间组件有"圆柱""平台""平面天花板""斜坡""方柱"等，也可以使用"绘制长方形空间组件""绘制多边形空间组件"来绘制不规则立柱（见图3-48）。

图 3-48　空间组件界面

【Step2】根据图纸上的立柱造型，我们选择"方柱"—拖到模型内—单击"比例"或"编辑多边形"来调整立柱尺寸（见图3-49）。

提示：

"方柱"为空间组件，拖入模型内即默认为同空间高度保持一致，故不需要另外设置其高度。

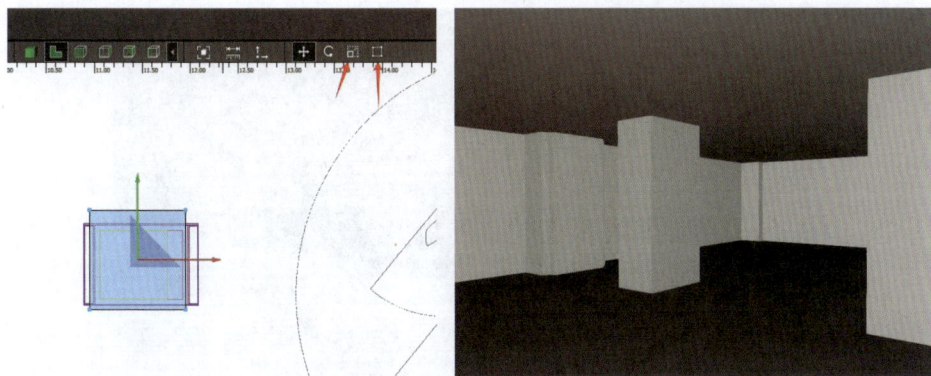

图 3-49 空间组件（方柱）

2. 梁的建模

【Step1】将天花图纸显示出来，平面图纸隐藏掉。

【Step2】选择空间组件内的"平面天花板"（见图 3-50）。

图 3-50 空间组件（平面天花板）

【Step3】拖到模型内，单击"比例"或"编辑多边形"来调整立柱尺寸。

【Step4】调整梁的高度（见图3-51）。

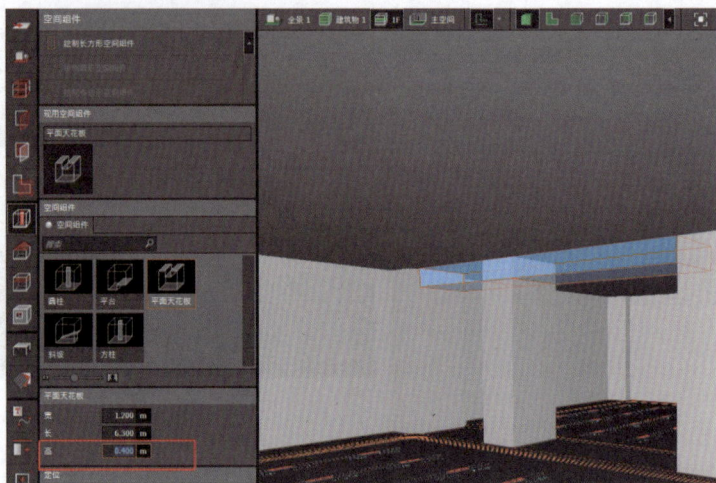

图3-51　空间组件（梁的高度）

【Step5】同理，其他梁自行建模。

提示：

"平面天花板"为空间组件，拖入模型内即自动吸附在天花上，无须调整组件高度定位。

门窗的建模：

【Step1】将平面图显示出来，天花图纸隐藏掉。

【Step2】在"制图"状态下，单击"门窗"—"选择"，我们可以看到有多个门窗的组件：圆形窗、天窗、带气窗的三翼窗、带气窗的矩形窗、带隔柱的矩形窗、拱窗、标准窗户、标准门等（见图3-52）。

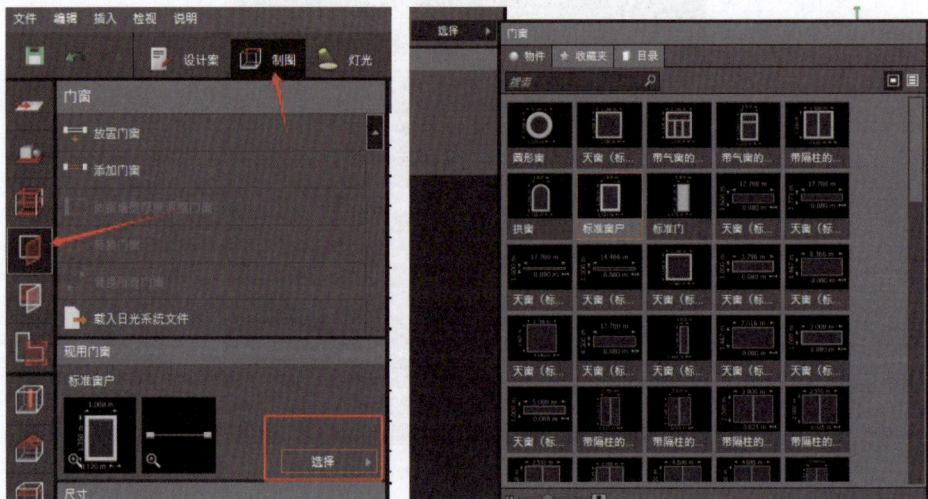

图3-52　空间组件（门窗）

【Step3】选择合适的门窗组件拖入模型中，单击"比例"进行尺寸的修改（见图 3-53）。

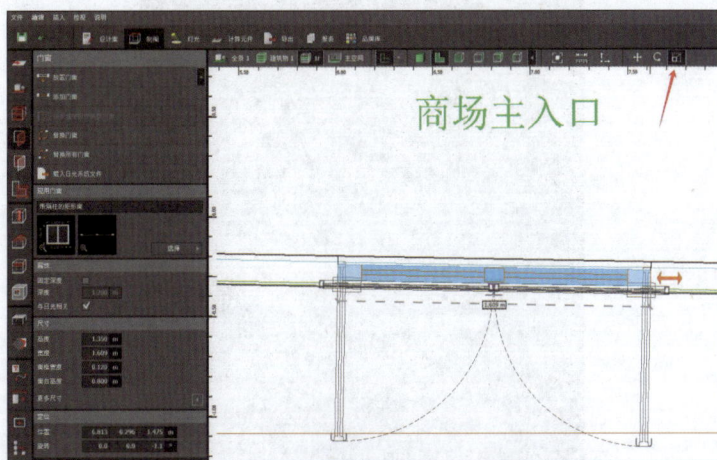

图 3-53　空间组件（修改尺寸）

【Step4】调整门窗的尺寸：高度调整为 2m，宽度调整为 1.609m，窗框宽度调整为 0.05m，窗台高度调整为 0m（见图 3-54）。

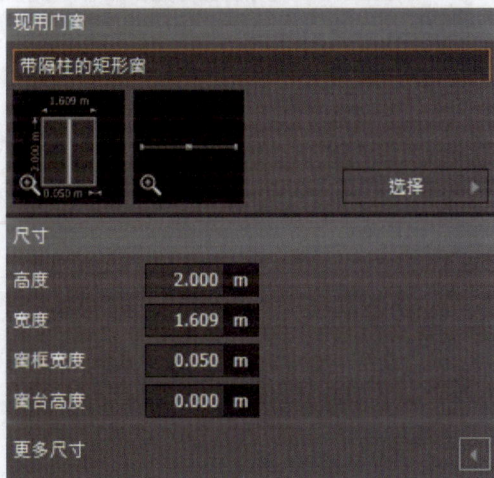

图 3-54　空间组件（门窗尺寸）

【Step5】同理，其他门窗自行建模。

提示：

门窗库里只有木门，我们也可以用窗来代替，将窗的尺寸进行调整，建模时需要我们灵活运用。

展墙的建模：

【Step1】将平面图调取出来，天花图纸隐藏掉。

【Step2】展墙的建模会有些许不同，我们使用"家具及物件"内的"绘制挤压体"

进行建模（见图 3-55）。

图 3-55　展墙建模（1）

【Step3】沿着展墙将轮廓线描出来，修改挤压体的高度为 3.5m，我们的展墙建模完成（见图 3-56）。

提示：

建模时遇到有弧度的地方，多设置几个点即可。

3.6 空间元素建模-1

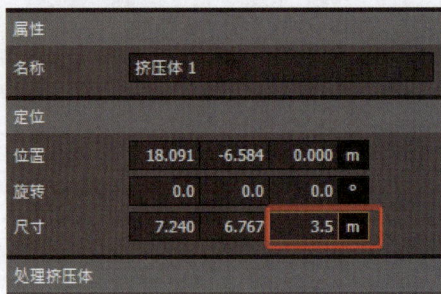

图 3-56　展墙建模（2）

接下来我们学习第二类：家具模型。在 DIALux evo 软件的模型库内，有一些常用模型可供使用，我们也可通过自己建模或者外部导入模型来满足我们的设计需求。

DIALux evo 软件库内模型导入：

【Step1】在"制图"的状态下，单击"家具及物件"—"选择"—"目录"，双击"对象目录"，这样我们就调出了模型库（见图 3-57、图 3-58）。

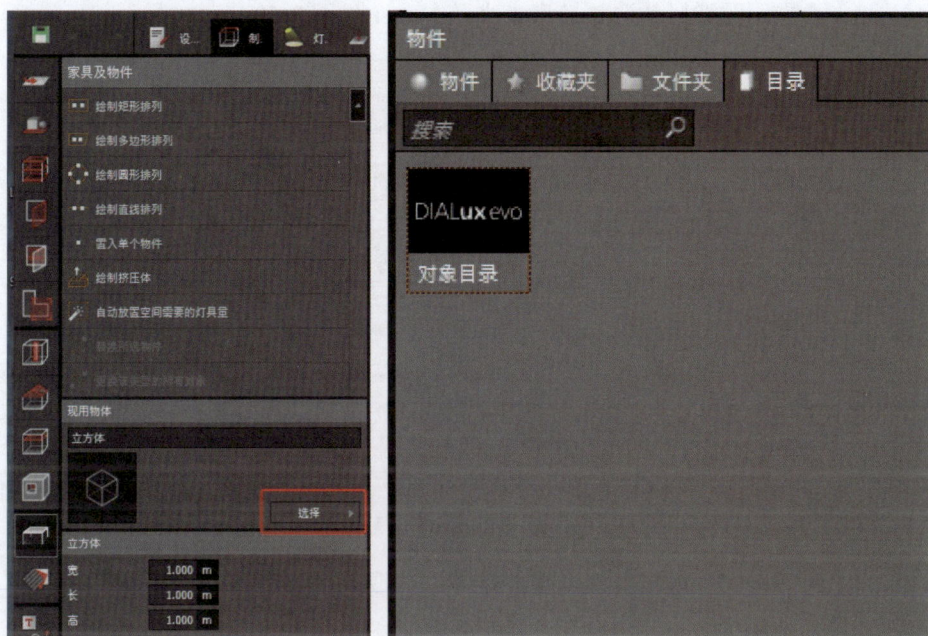

图 3-57　模型库（1）

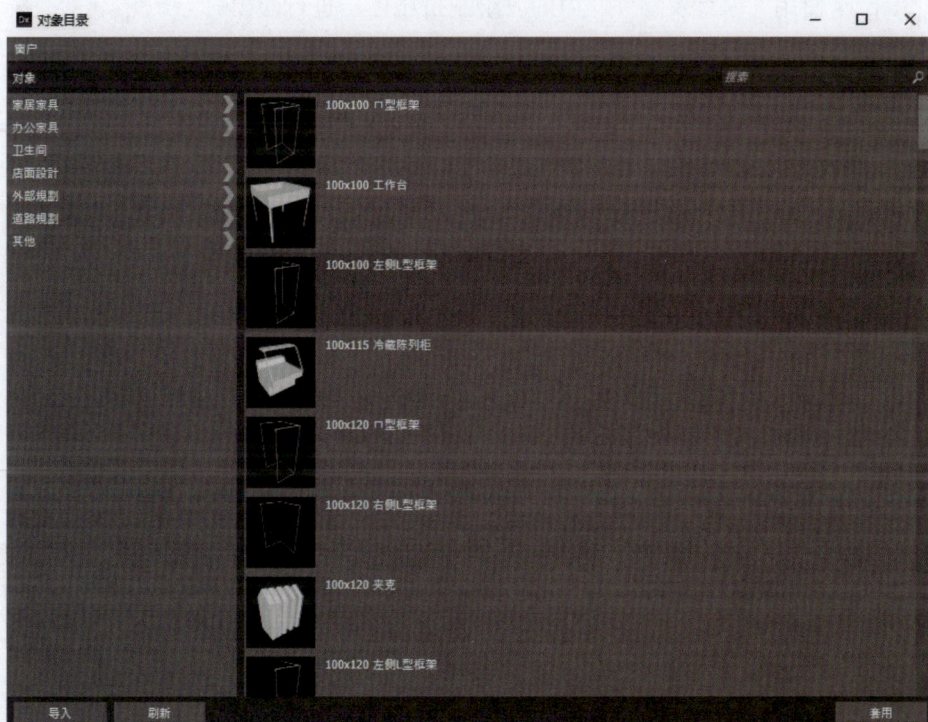

图 3-58　模型库（2）

【Step2】在模型库的子目录下找到需要的模型，选中模型直接拖入软件操作区内即可。

【Step3】根据原图纸尺寸调整模型大小及方向（见图3-59）。

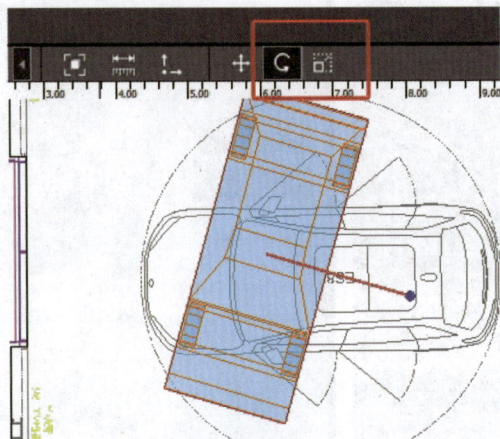

图3-59　调整模型尺寸及方向

【Step4】同理，其他现成模型可自行在库内选取。

接待台自主建模：

【Step1】将平面图调取出来，天花板图纸隐藏掉。

【Step2】使用"家具及物件"内的"绘制挤压体"进行建模。

【Step3】沿着接待台的外轮廓描摹出来，修改挤压体的高度为1.2m，我们的接待台建模完成（见图3-60）。

提示：

建模时遇到有弧度的地方，多设置几个点即可。

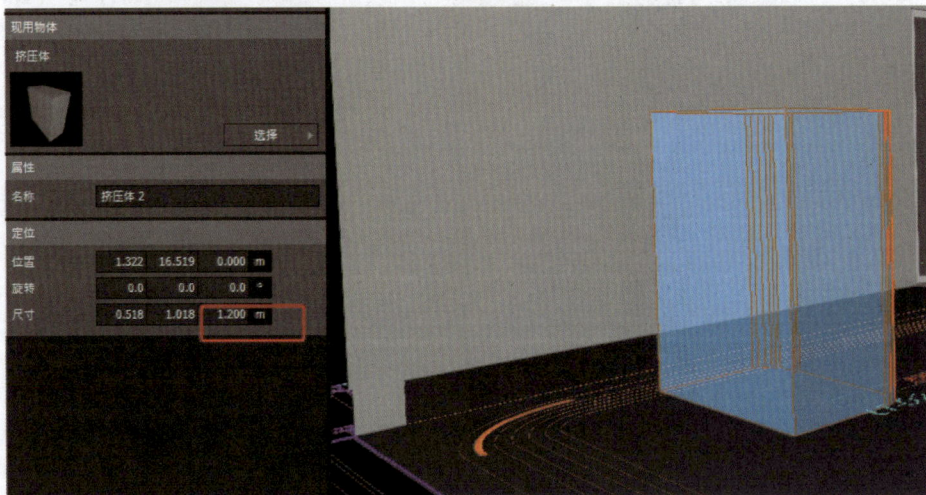

图3-60　接待台建模

外部模型导入：

【Step1】DIALux evo软件可以从外部导入3Ds格式的模型，因此在导入模型前，需要将模型导为3Ds格式。

【Step2】单击"文件"—"导入"—"家具文件"，选择需要导入的3Ds模型（见图3-61）。

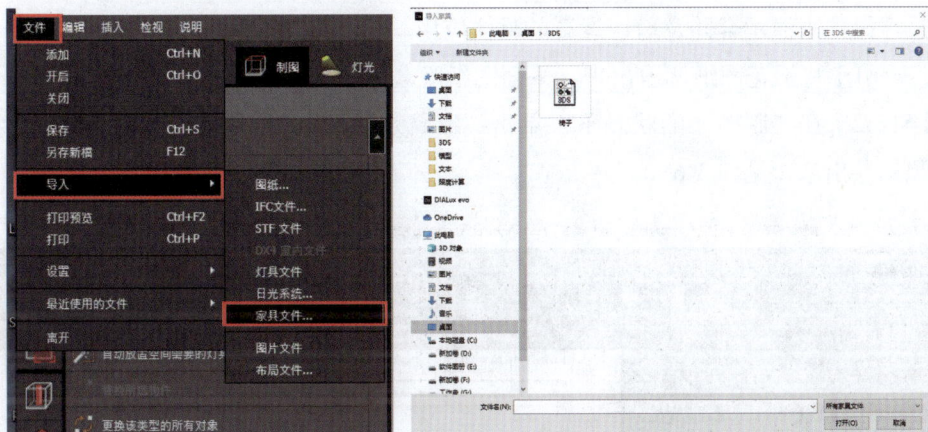

图3-61 外部加载模型（1）

【Step3】外部导入的模型可能会出现尺寸单位不匹配的情况，因此需要我们换算单位修改模型尺寸（见图3-62）。

提示：

外部加载的模型造型一般会比较复杂，计算面较多，容易使DIALux evo软件出现卡顿、崩掉的状况，且模型自身也会出现缺失的情况。因此，一般不建议使用外部加载的模型。

3.6 空间元素建模-2

图3-62 外部加载模型（2）

3.7 合并及剪切运算的应用

合并及剪切运算是建模时的常用手法。对于一些复杂结构的模型，单一地使用"绘制挤压体"是无法满足我们的设计需求的，这时就需要叠加使用合并及剪切运算，有时需要多次使用合并及剪切运算才能满足我们的建模需求。接下来我们通过建立一个带灯槽的悬浮吊顶来演示合并及剪切运算的具体应用。

【Step1】将天花图纸调取出来，平面图纸隐藏掉。

【Step2】在"制图"的状态下，单击"家具及物件"，使用"绘制挤压体"，将悬浮吊顶描绘出来（见图 3-63）。

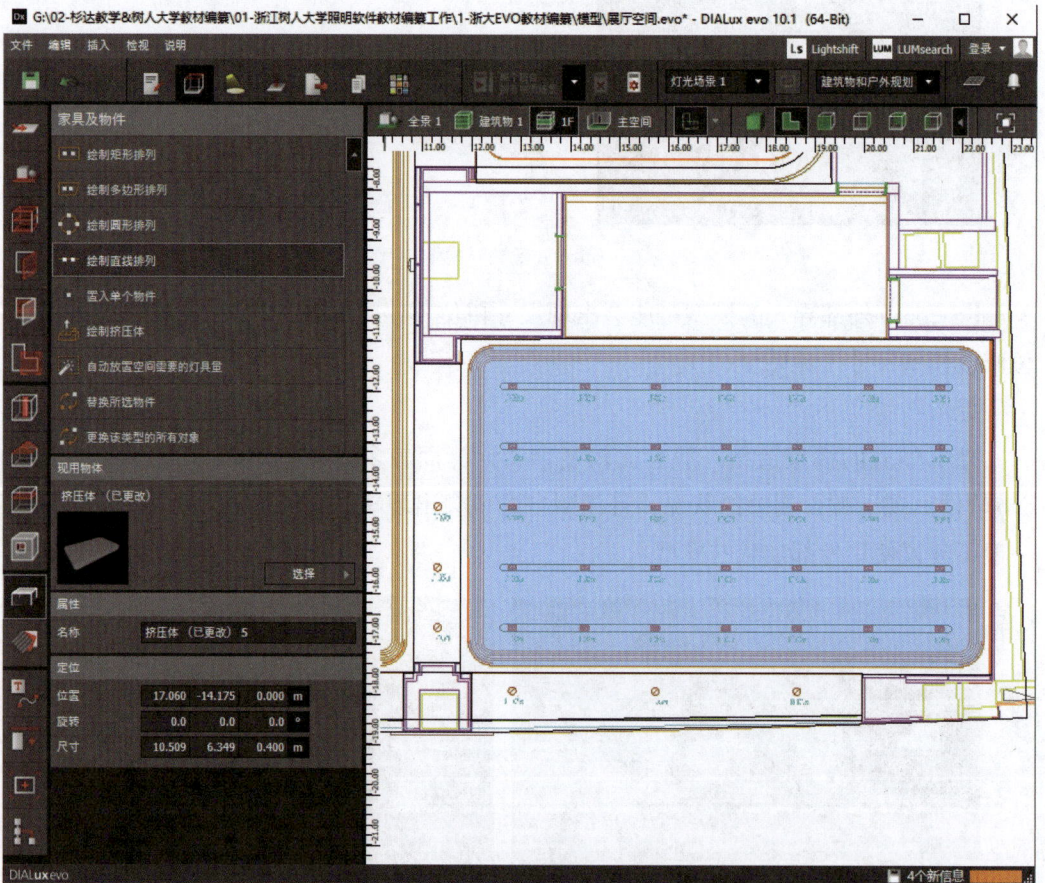

图 3-63 绘制吊顶

【Step3】调整吊顶的高度为 0.4m（见图 3-64）。

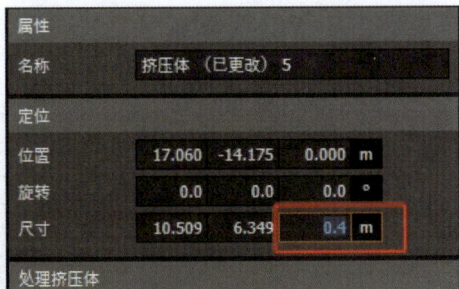

图 3-64　调整吊顶尺寸

【Step4】此时在三维模式下，我们可以看到吊顶落在了地面上，因此需要将该吊顶吸附到天花上。可以通过在侧视图的状态下，用移动工具手动拉到天花上，也可以直接设置"位置"的高度值（见图 3-65）。

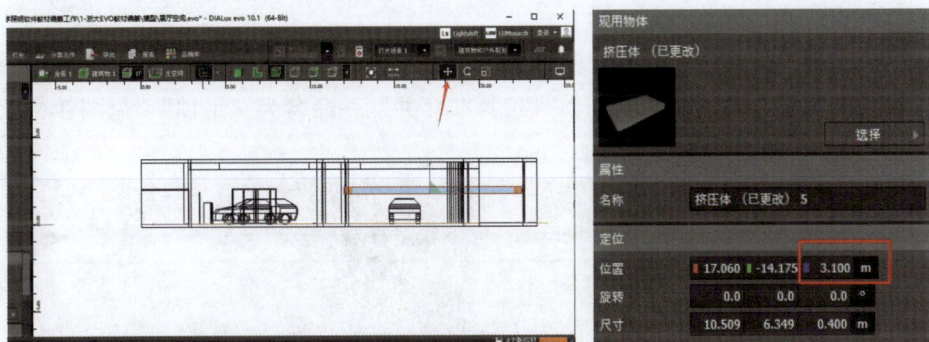

图 3-65　调整吊顶高度

【Step5】绘制吊顶内部结构，将步骤 4 的吊顶原位复制一个，沿着吊顶图纸的内边缘线编辑（见图 3-66）。

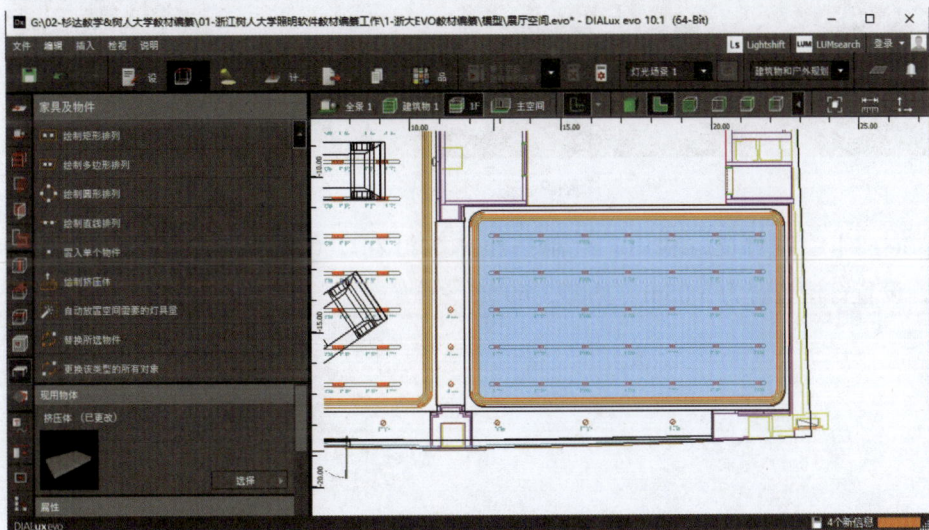

图 3-66　调整内部结构

【Step6】将步骤4的吊顶高度调整为0.02m，这样我们就得到了一个灯带的安装台面（见图3-67）。

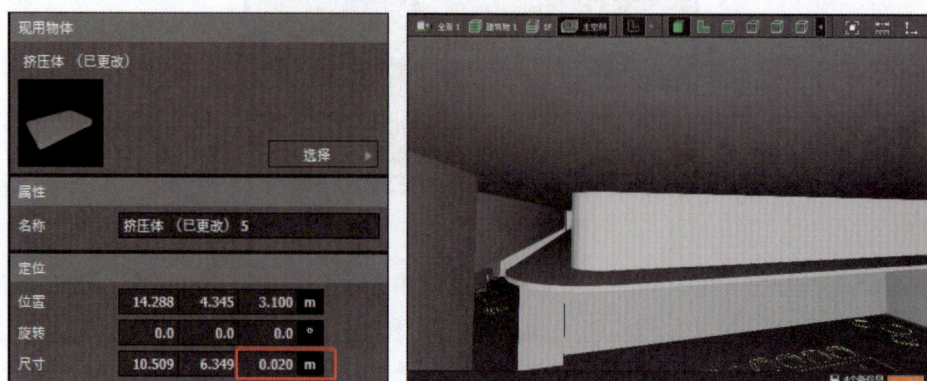

图3-67　调整灯带安装平台

【Step7】将步骤5与步骤6的两个挤压体合并，在"制图"状态下，单击"复制合排列"—选择需要合并的两个挤压体—选择"合并"—命名为"吊顶"（见图3-68）。

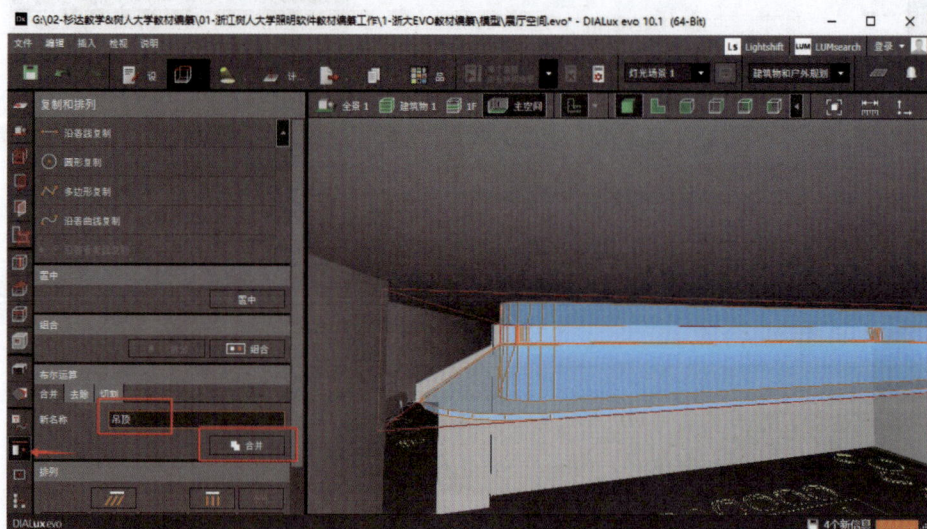

图3-68　合并挤压体

【Step8】绘制灯槽，利用"绘制挤压体"沿着灯槽线绘制，设置灯槽的高度为0.2m，设置灯槽位置为3.05m（见图3-69）。

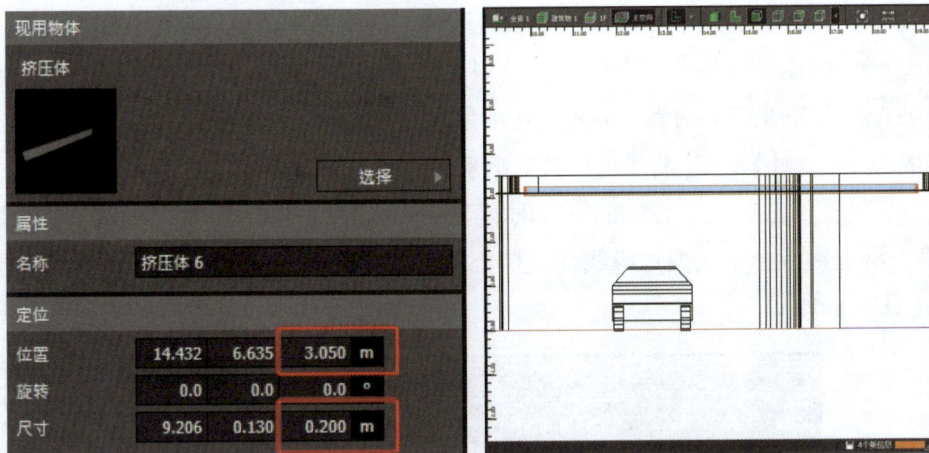

图 3-69　绘制灯槽

【Step9】复制步骤 8 中的灯槽，并移动到相应的图纸位置。单击"复制和排列"—选择需要合并的所有灯槽—选择"合并"—命名为"灯槽"（见图 3-70）。

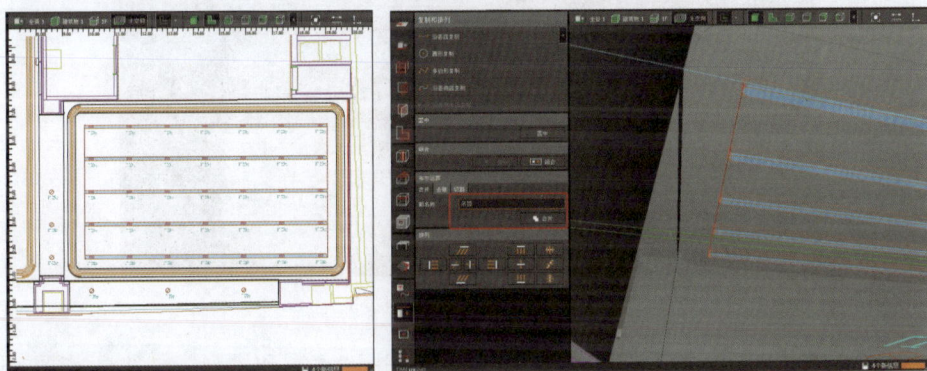

图 3-70　合并灯槽

【Step10】利用剪切运算，挖出内凹的灯槽。单击"复制和排列"—选择需要剪切的两个挤压体—单击"去除"—"去除哪个对象"选择"吊顶"—单击"去除"，这样就得到了我们设计所需要的一个吊顶了（见图 3-71）。

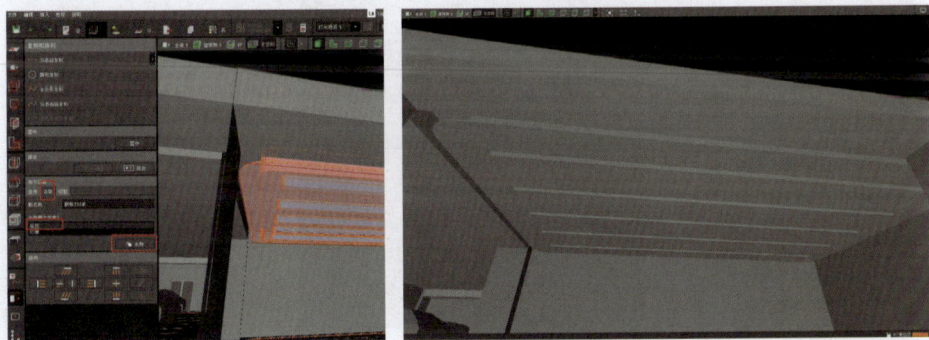

图 3-71　剪切运算（1）

3.7 合并及剪切
运算的运用-1

我们除了可以运用剪切运算制作灯槽外，还可以利用该运算将接待台的模型细致化。在前面的模型建设中，我们初步地建立了接待台的模型，接下来我们对其台面进行精细化。

【Step1】将平面图调取出来，天花图纸隐藏掉。

【Step2】在"制图"的状态下，单击"家具及物件"—使用"绘制挤压体"，沿着接待台平面内边缘线建立挤压体—高度设置为1m—将该挤压体叠加到接待台（见图3-72）。

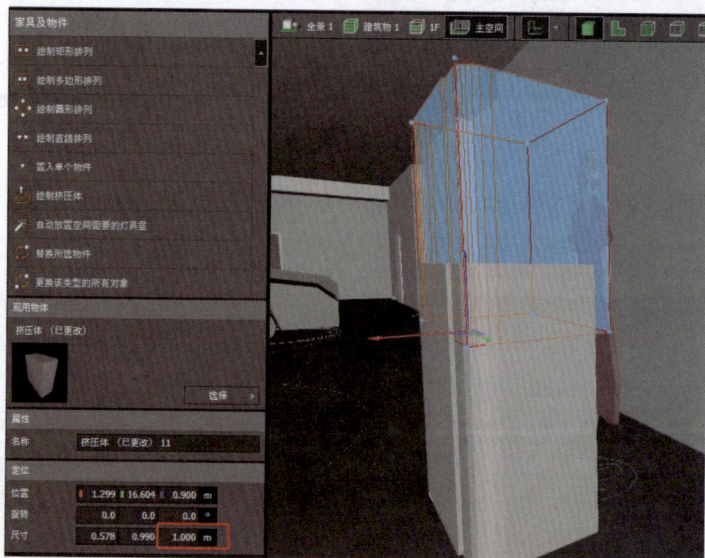

图3-72　剪切运算（2）

【Step3】利用剪切运算，挖出内凹的台面—单击"复制和排列"—选择需要剪切的两个挤压体—单击"去除"—"去除哪个对象"选择"接待台"—单击"去除"，这样就得到了我们设计所需要的模型了（见图3-73）。

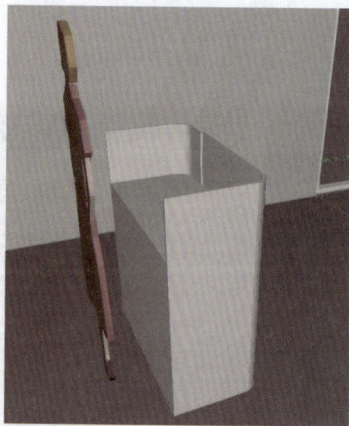

图3-73　剪切运算（3）

以上是利用单次剪切运算制作的一些基础模型，我们也可以利用多次剪切运算制作相对复杂的模型。例如，接下来我们利用多次剪切运算练习框架的建模。

【Step1】首先我们设置一个立方体，在"制图"的状态下，单击"家具及物件"—单击"选择"—选择"立方体"，拖入操作空间—修改尺寸为 1m×1m×1m（见图 3-74）。

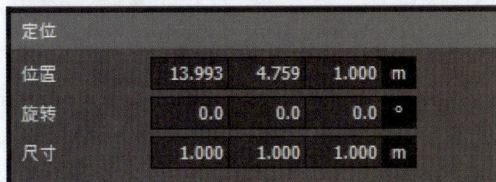

图 3-74　立方体尺寸（1）

【Step2】接下来我们原位复制一个立方体，尺寸调整为 1.5m×0.95m×0.95m（见图 3-75）。

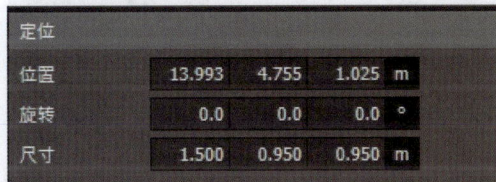

图 3-75　立方体尺寸（2）

【Step3】居中对齐两个立方体—选择两个立方体—单击"复制和排列"—在"排列"中选择"中置"（见图 3-76）。

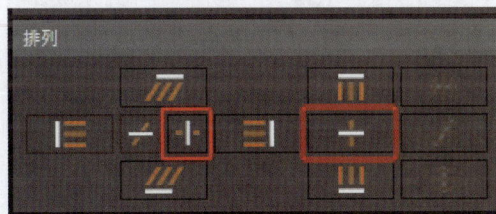

图 3-76　居中对齐两个立方体

【Step4】复制 2 个步骤 3 的立方体，分别水平、纵向旋转 90°（见图 3-77）。

图 3-77　旋转立方体

【Step5】对 4 个立方体分别命名"主立方体""立方体 1""立方体 2""立方体 3"（见图 3-78）。

图 3-78 命名立方体

【Step6】接下来我们使用 3 次剪切运算，制作出展架框架。单击"复制合排列"—选择"主立方体""立方体 1"—单击"去除"—修改新命名为"主立方体"—"去除哪个对象"选择"主立方体"—单击"去除"，这样我们就完成了第一次剪切运算（见图 3-79）。

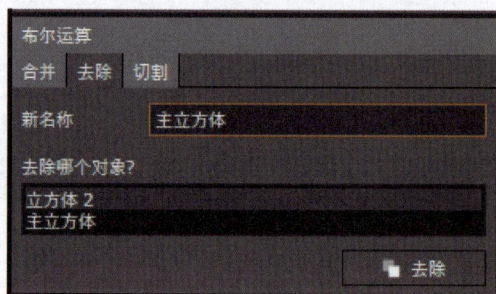

图 3-79 剪切运算（1）

【Step7】选择"主立方体""立方体 2"—修改新命名为"主立方体"—"去除哪个对象"选择"主立方体"—单击"去除"，这样我们就完成了第二次剪切运算。

【Step8】选择"主立方体""立方体 3"—修改新命名为"主立方体"—"去除哪个对象"选择"主立方体"—单击"去除"，这样我们就完成了第三次剪切运算（见图 3-80）。

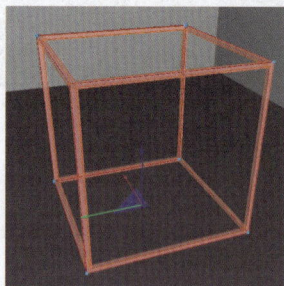

图 3-80 剪切运算（2）

3.7 合并及剪切
运算的运用–2

CHAPTER 4

材质的运用

学习目标

学生通过本章的学习，能够了解不同材质对灯光的影响，熟练掌握材质贴图、材质参数设置及外部材质载入的方式。

教学要求

通过图文的详解，使学生逐步掌握材质的相关知识点。同时，学生也可扫描二维码，观看教学视频，进一步加强对知识点的理解。

重点： 熟悉材质的参数设置。

难点： 利用Photoshop等其他设计软件对材质尺寸进行编辑。

4.1 材质对灯光的影响

学会模型的搭建，我们只是掌握了照度测算的基本空间框架。材质是影响照度测算的重要因素，深色的材质相较浅色的材质更吸光，因此反射系数较低，玻璃材质越透明载光性越弱。

我们通常理解的材质一般是指材料、色彩、纹理等，但其实其还包含了光滑度、透明度、反射率、折射率等属性，这些属性往往会对一个空间内的照度值产生影响。我们可将材质按效果大致地分为三大类：金属效果、喷漆效果、透明效果。而影响这三大类材质的属性大致为反射度、反射涂层、透射度、折射度。

接下来我们来看一下常用的一些材质的基本属性值（见图4-1至图4-8）。

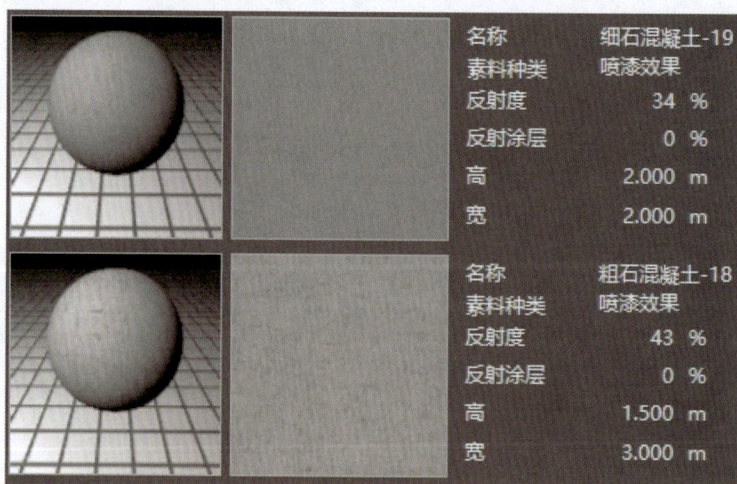

名称	细石混凝土-19
素料种类	喷漆效果
反射度	34 %
反射涂层	0 %
高	2.000 m
宽	2.000 m
名称	粗石混凝土-18
素料种类	喷漆效果
反射度	43 %
反射涂层	0 %
高	1.500 m
宽	3.000 m

图 4-1 混凝土系数

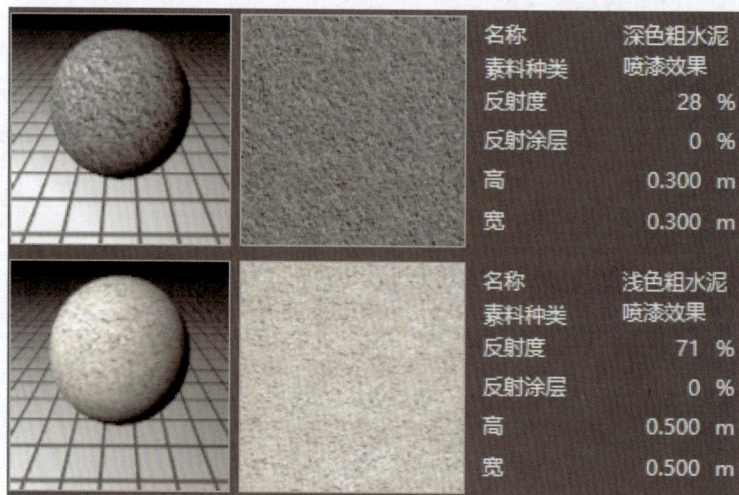

名称	深色粗水泥
素料种类	喷漆效果
反射度	28 %
反射涂层	0 %
高	0.300 m
宽	0.300 m
名称	浅色粗水泥
素料种类	喷漆效果
反射度	71 %
反射涂层	0 %
高	0.500 m
宽	0.500 m

图 4-2 水泥系数

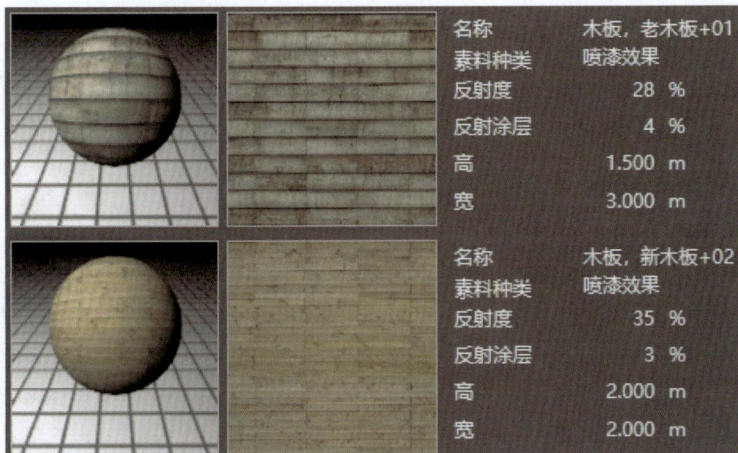

图 4-3 木地板系数

名称	木板，老木板+01
素料种类	喷漆效果
反射度	28 %
反射涂层	4 %
高	1.500 m
宽	3.000 m

名称	木板，新木板+02
素料种类	喷漆效果
反射度	35 %
反射涂层	3 %
高	2.000 m
宽	2.000 m

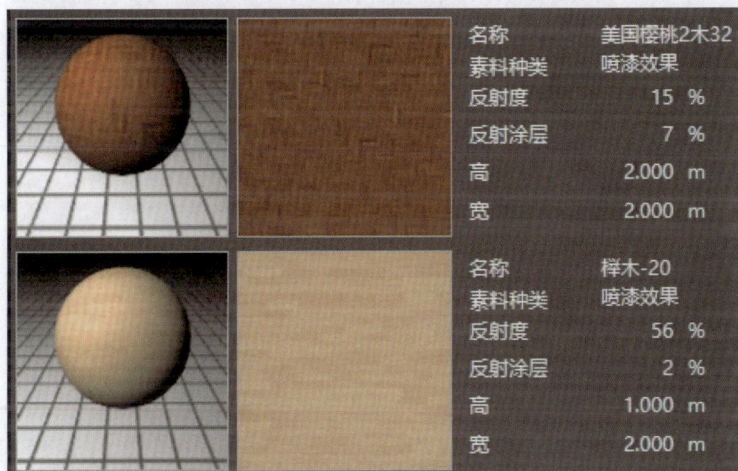

图 4-4 木材系数

名称	美国樱桃2木32
素料种类	喷漆效果
反射度	15 %
反射涂层	7 %
高	2.000 m
宽	2.000 m

名称	榉木-20
素料种类	喷漆效果
反射度	56 %
反射涂层	2 %
高	1.000 m
宽	2.000 m

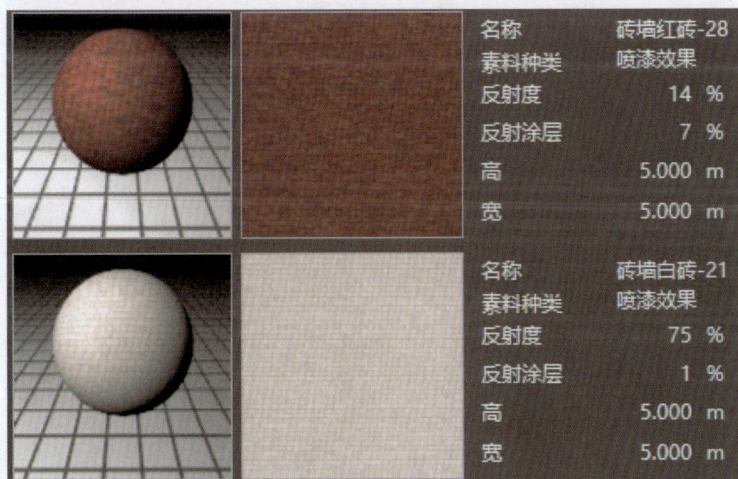

图 4-5 砖墙系数

名称	砖墙红砖-28
素料种类	喷漆效果
反射度	14 %
反射涂层	7 %
高	5.000 m
宽	5.000 m

名称	砖墙白砖-21
素料种类	喷漆效果
反射度	75 %
反射涂层	1 %
高	5.000 m
宽	5.000 m

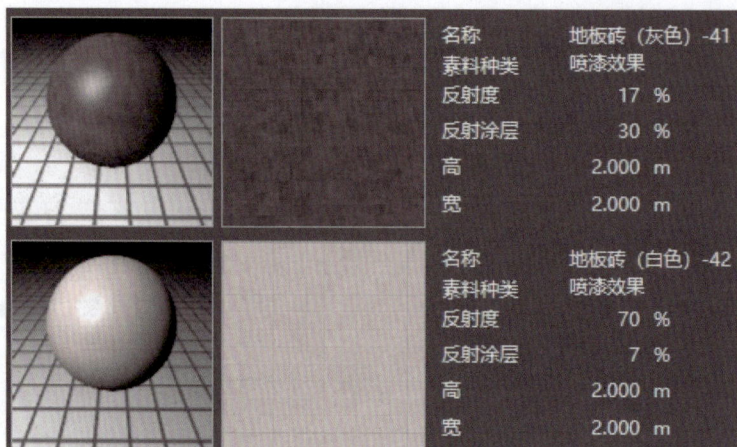

图 4-6 地板砖系数

名称	地板砖（灰色）-41
素料种类	喷漆效果
反射度	17 %
反射涂层	30 %
高	2.000 m
宽	2.000 m

名称	地板砖（白色）-42
素料种类	喷漆效果
反射度	70 %
反射涂层	7 %
高	2.000 m
宽	2.000 m

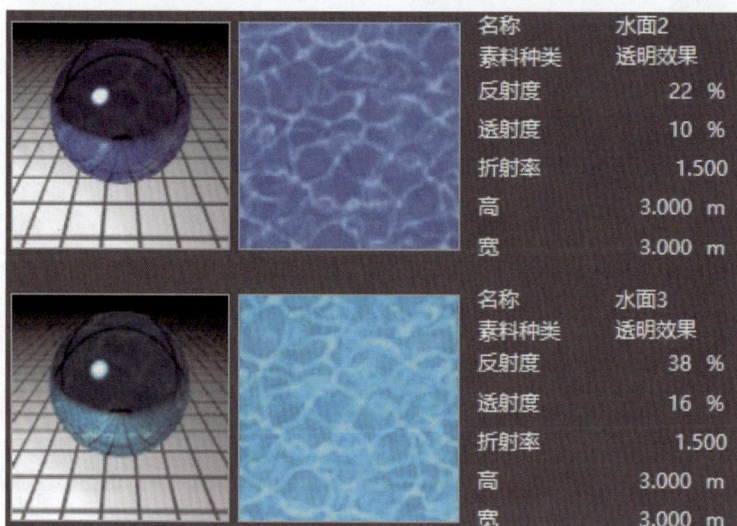

图 4-7 水系数

名称	水面2
素料种类	透明效果
反射度	22 %
透射度	10 %
折射率	1.500
高	3.000 m
宽	3.000 m

名称	水面3
素料种类	透明效果
反射度	38 %
透射度	16 %
折射率	1.500
高	3.000 m
宽	3.000 m

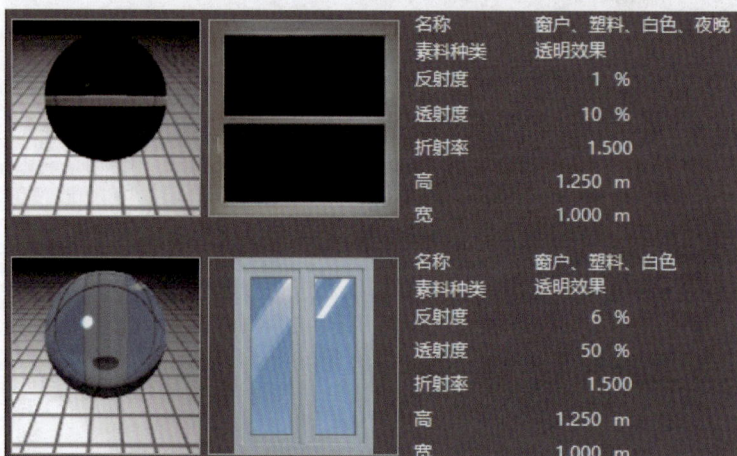

图 4-8 玻璃系数

名称	窗户、塑料、白色、夜晚
素料种类	透明效果
反射度	1 %
透射度	10 %
折射率	1.500
高	1.250 m
宽	1.000 m

名称	窗户、塑料、白色
素料种类	透明效果
反射度	6 %
透射度	50 %
折射率	1.500
高	1.250 m
宽	1.000 m

我们可以从上面各材质的系数中得知，颜色越浅反射系数越高，反之颜色越深反射系数越低；水泥及混凝土的反射涂层的系数值为 0；玻璃和水透射系数越高则材质越通透。

接下来我们一起了解下，在同一个空间同样的光环境下，以上不同材质对地面照度值的影响。

（1）混凝土材质对照度值的影响：材质一，反射度 34%，反射涂层 0%；材质二，反射度 43%，反射涂层 0%（见图 4-9、图 4-10）。

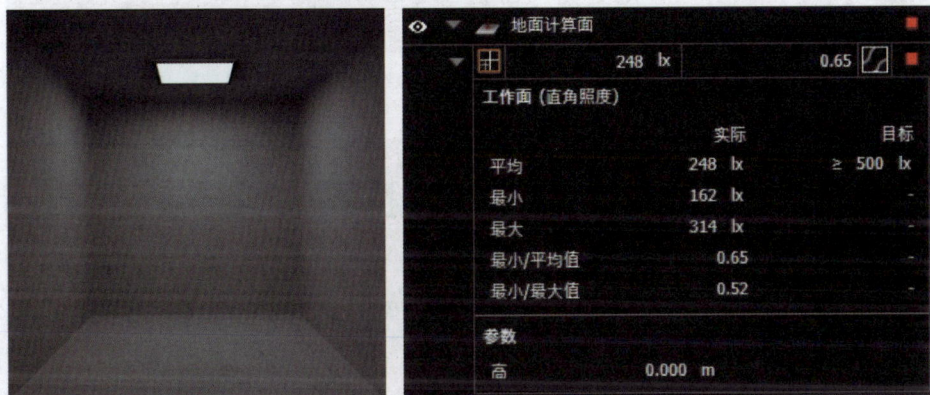

图 4-9　混凝土材质一对照度的影响

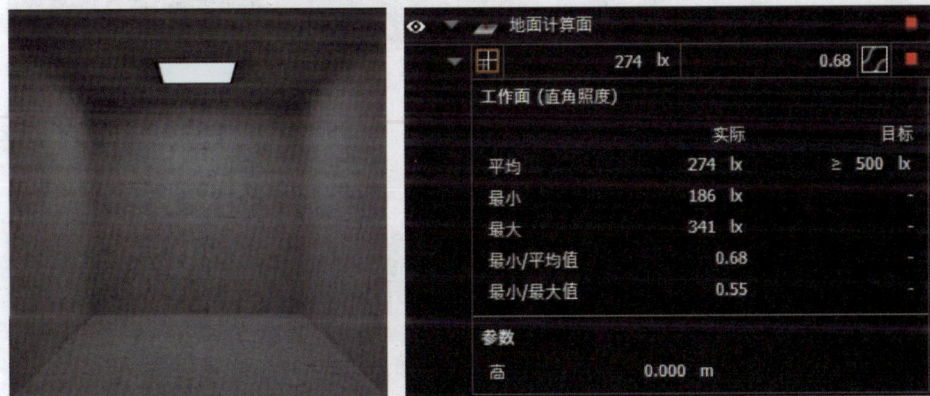

图 4-10　混凝土材质二对照度的影响

（2）水泥材质对照度值的影响：材质一，反射度 28%，反射涂层 0%；材质二，反射度 71%，反射涂层 0%（见图 4-11、图 4-12）。

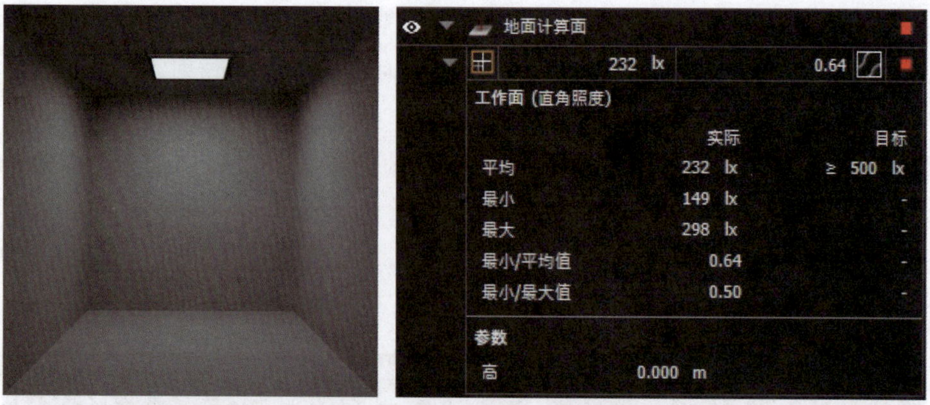

图 4-11　水泥材质一对照度的影响

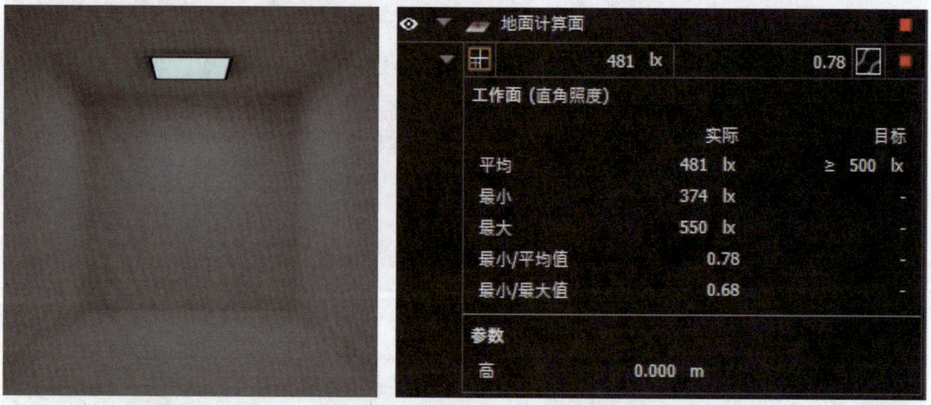

图 4-12　水泥材质二对照度的影响

（3）木地板材质对照度值的影响：材质一，反射度 28%，反射涂层 4%；材质二，反射度 35%，反射涂层 3%（见图 4-13、图 4-14）。

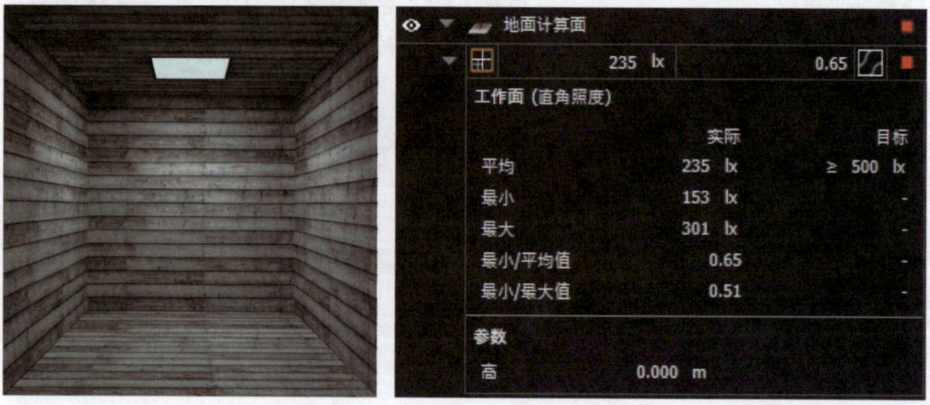

图 4-13　水泥材质一对照度的影响

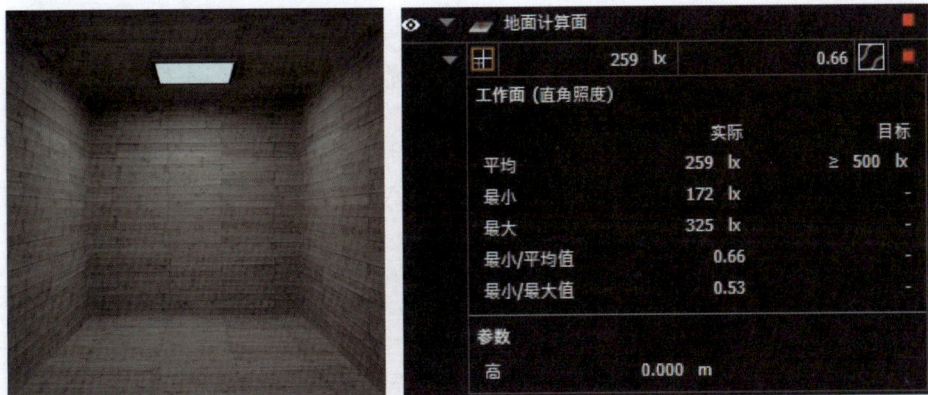

图 4-14　水泥材质二对照度的影响

（4）木材质对照度值的影响：材质一，反射度 15%，反射涂层 7%；材质二，反射度 56%，反射涂层 2%（见图 4-15、图 4-16）。

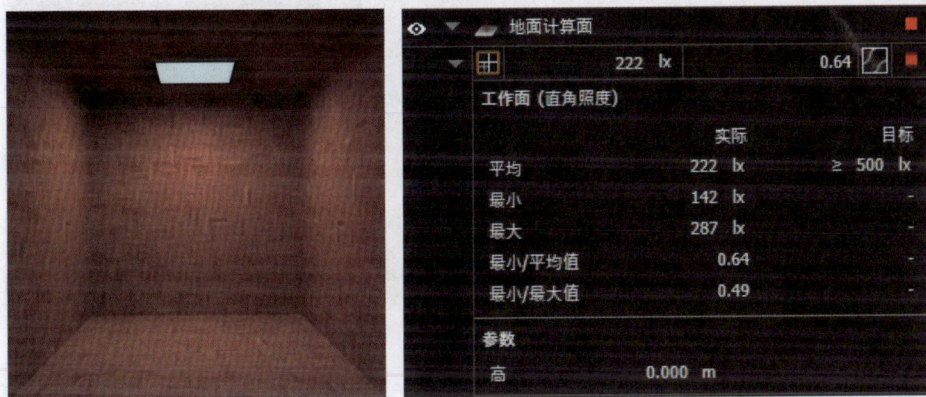

图 4-15　木材质一对照度的影响

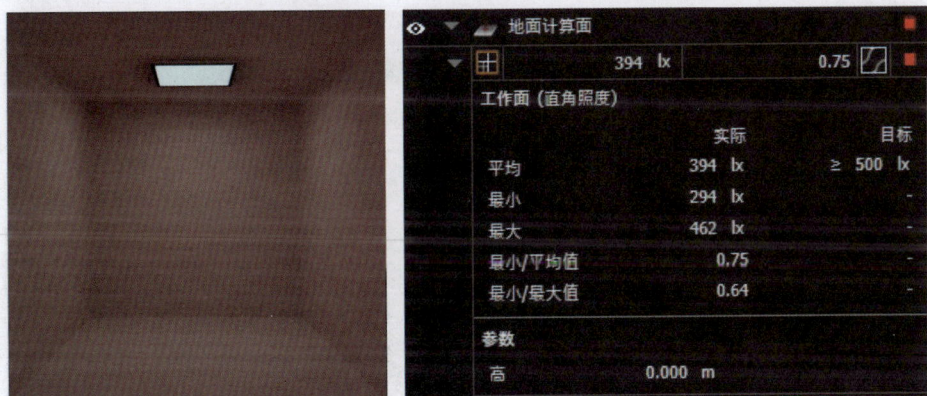

图 4-16　木材质二对照度的影响

（5）砖墙材质对照度值的影响：材质一，反射度 14%，反射涂层 7%；材质二，反射度 75%，反射涂层 1%（见图 4-17、图 4-18）。

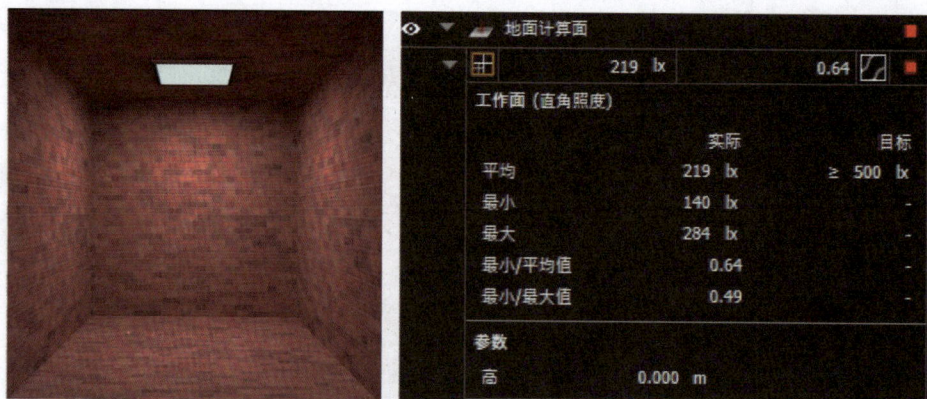

图 4-17　砖墙材质一对照度的影响

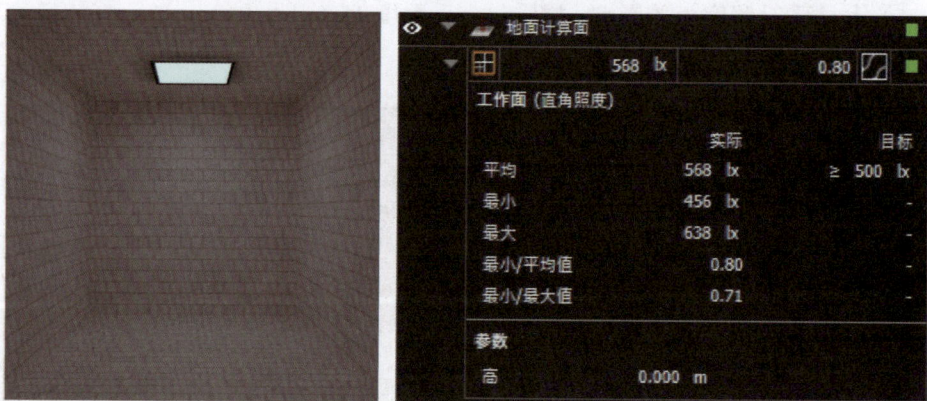

图 4-18　砖墙材质二对照度的影响

（6）地板砖材质对照度值的影响：材质一，反射度 17%，反射涂层 30%；材质二，反射度 70%，反射涂层 7%（见图 4-19、图 4-20）。

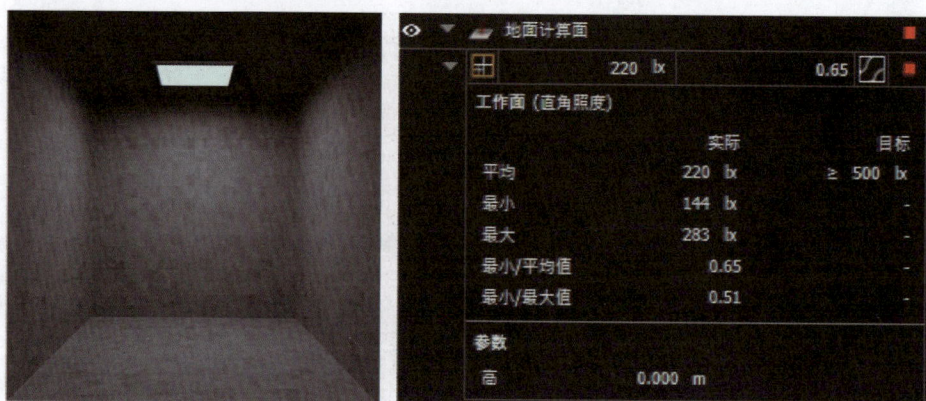

图 4-19　地板砖材质一对照度的影响

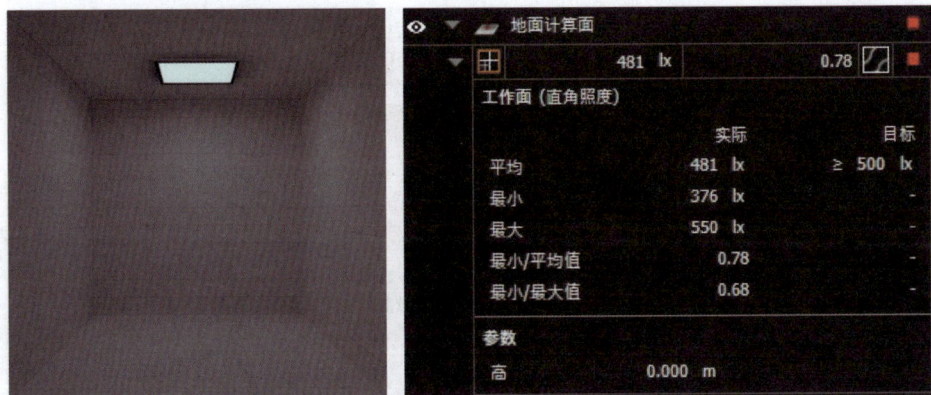

图 4-20　地板砖材质二对照度的影响

（7）水材质对照度值的影响：材质一，反射度 22%，透射度 10%，折射率 1.5；材质二，反射度 38%，透射度 16%，折射率 1.5（见图 4-21、图 4-22）。

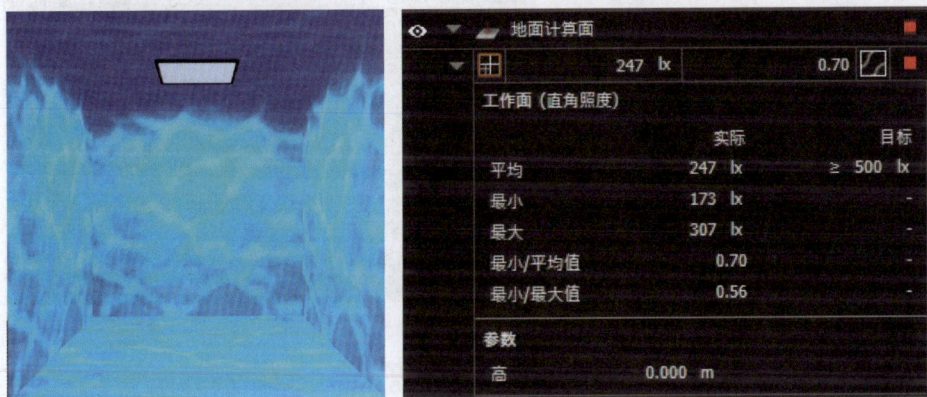

图 4-21　水材质一对照度的影响

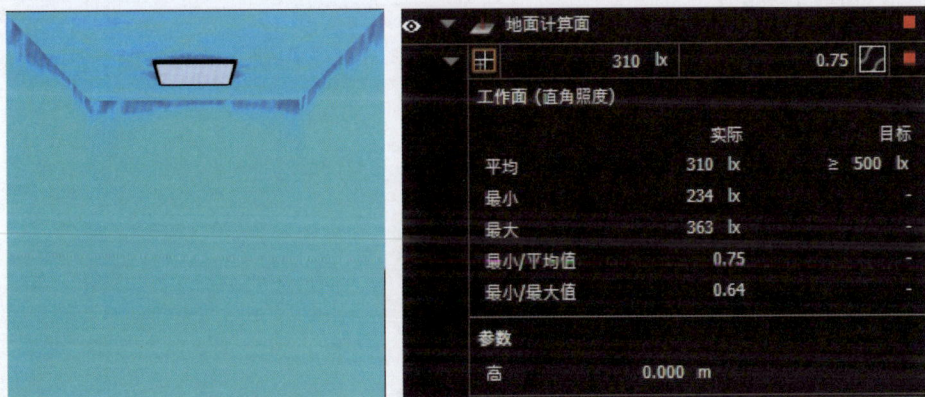

图 4-22　水材质二对照度的影响

（8）玻璃材质对照度值的影响：材质一，反射度 1%，透射度 10%，折射率 1.5；材质二，反射度 6%，透射度 50%，折射率 1.5（见图 4-23、图 4-24）。

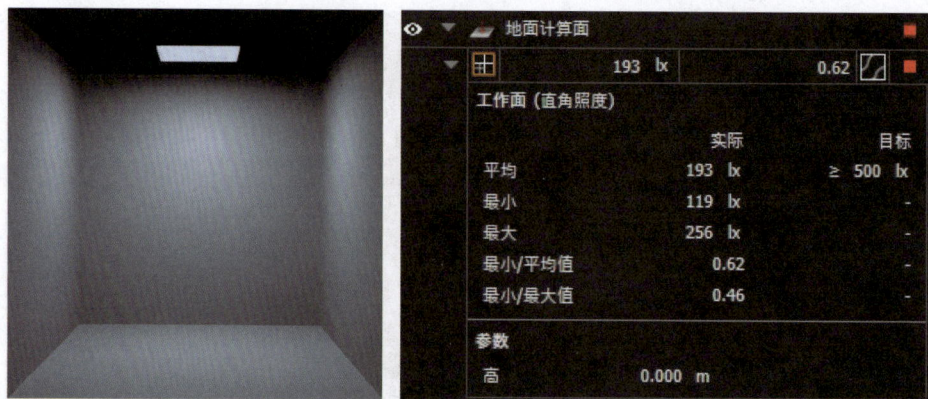

图 4-23　玻璃材质一对照度的影响

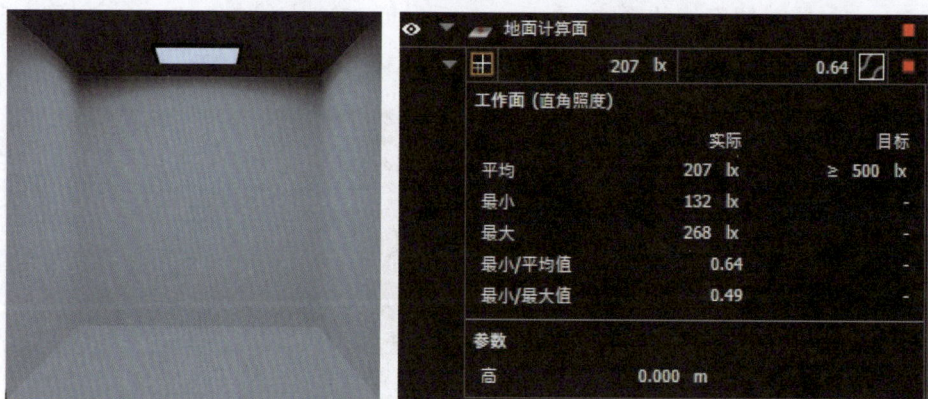

图 4-24　玻璃材质二对照度的影响

　　通过以上在软件中直接更换材质进行渲染，我们可以直观地看到材质在灯光下所呈现的状态，以及相应的地面照度值，从而更好地理解空间内材质对灯光的影响、材质的属性对照度值的影响。

　　在了解了材质对灯光的影响后，我们接下来学习材质在软件模拟中的运用。

4.2 材质贴图的参数设置

材质贴图在"制图"状态下的"素材"内（见图 4-25），由命令栏和参数栏组成。

（1）"挑选素材"：工具用于直接吸附模型内现有的材质。

（2）"使用素材"：可以将选取的素材赋予某个模型，也可直接用鼠标单击素材球拖入模型进行赋材质。

（3）"替换素材"：在更换模型中的某个材质时使用。

（4）"建立色彩"：可以通过调节下方素材的颜色来建立色彩。

（5）"建立材质"：可通过外部加载材质形成新的素材。

（6）"使用反射度"：通过修改反射度来调整颜色的亮度。

（7）"修改反射度"：修改现有空间的天花板、墙体、地面的反射度。

我们除了通过自己创建素材外，也可以运用软件自带的素材库，素材库内有着丰富的室内外各种素材，直接调取即可使用，大大提高了我们的工作效率（见图 4-26）。

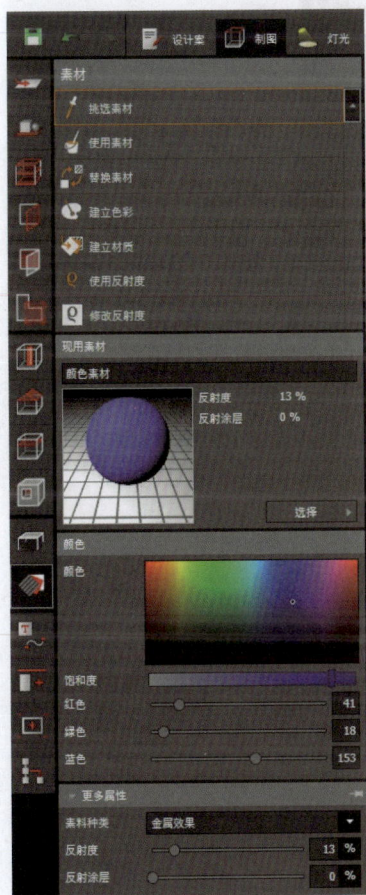

图 4-25　素材操作界面

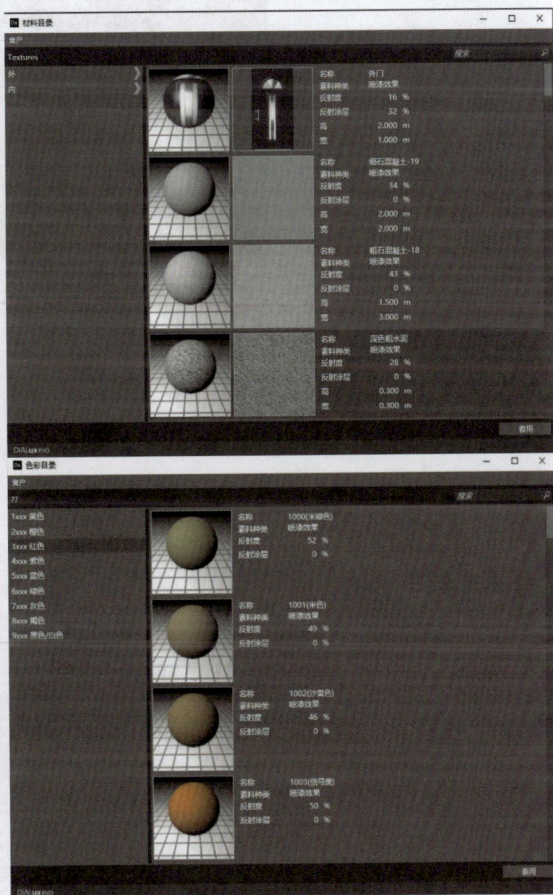

图 4-26　素材库

　　一般我们在建立原始空间的时候，软件默认空间的反射系数：地面20%、墙面50%、天花70%。这个空间反射系数值也是我们在空间没有标明材质的情况下常用的数值。当然，我们也可以通过材质库来修改默认材质。接下来我们通过对展厅空间材质的赋予来练习一下材质的运用。

　　【Step1】在"制图"的状态下，选择"素材"，单击"挑选素材"，在原模型的天花上吸取材质；修改素材种类为"喷漆效果"，反射度为70%；鼠标单击材质球拖入天花吊顶（见图4-27）。

4.2 材质贴图的
参数设置

图 4-27　创建材质

　　【Step2】同上步骤，设置反射度为5%，鼠标单击材质球拖入墙面。

　　【Step3】接下来设置地面材质，单击"素材"内的"选择"—"目录"，调取出材质库—选择材料目录—选择瓷砖—单击"套用"—修改尺寸为1m×1m—鼠标单击材质球拖入地面（见图4-28）。

　　提示：

　　当我们只是想对某个模型的单个面赋予材质时，可以在赋予材质时按住"Shift"。

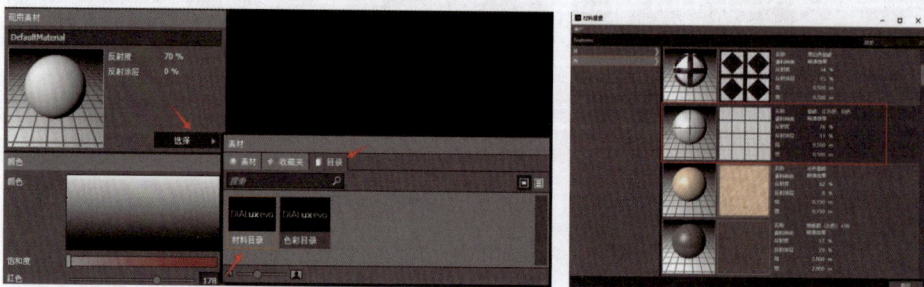

图 4-28　调取材质库

4.3 外部加载材质的运用

当材质库内的素材无法满足我们的设计需求时，我们需要从外部加载合适的材质。接下来我们通过模型中的显示屏的材质来练习操作外部加载材质。

【Step1】首先去网上找一张合适的海报，模拟显示器的显示画面。

【Step2】单击显示屏确认画面尺寸（见图4-29）。

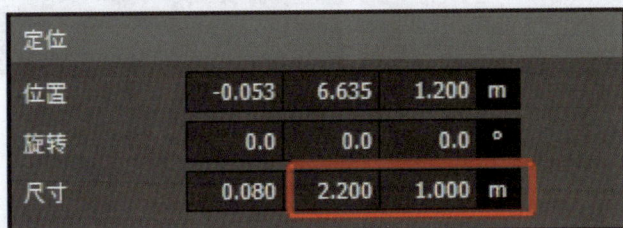

图4-29　模型尺寸

【Step3】打开Photoshop—新建画布，尺寸调整为"2200mm×1000mm"—颜色模式调整为"RGB颜色"—将海报拖入新建的画布中，调整合适的尺寸—另存为JPG（见图4-30）。

图4-30　Photoshop调整材质

【Step4】进入DIALux evo软件，在"制图"的模式下，单击"素材"—"创建材质"，找到我们刚创建的海报，单击"打开"—调整尺寸为"2.2m×1m"—按住"Shift"将材质球拖入显示的正面（见图4-31）。

图 4-31　调入外部材质

4.3 外部加载材
质的运用

CHAPTER 5

灯光布置

学习目标

　　学生通过本章的学习，能够熟练掌握IES文件的导入及相应参数的修改，学会灯具角度的调节以及白平衡的运用。

教学要求

　　通过图文的详解，使学生逐步掌握灯具的相关知识点。同时，学生也可扫描二维码，观看教学视频，逐步加强对知识点的理解。

　　重点：熟悉IES文件的参数设置。

　　难点：利用现有IES文件修改光通量及功率。

5.1　IES文件的导入及灯具布置

在学习IES文件导入前，我们先来一起看一下"灯具"菜单的操作界面内容。

"灯具"内包含灯具的阵列形式、已导入的灯具IES信息（含灯具型号、灯具品牌、灯具样式、灯具IES文件）、光学数据（含灯具光通量、光输出比、功率、光效）等（见图5-1），此栏主要用于灯具的放置、阵列等。

图 5-1　灯具操作界面

"光源"内包含光源的类型、光源的属性（包含名称、光通量、功率、光源类型、色温、显指）等（见图5-2），此栏主要用于灯具的参数的修改。当找不到合适的IES文件时，我们可以找一个相同角度的IES文件对其参数进行修改以满足我们的设计需求。

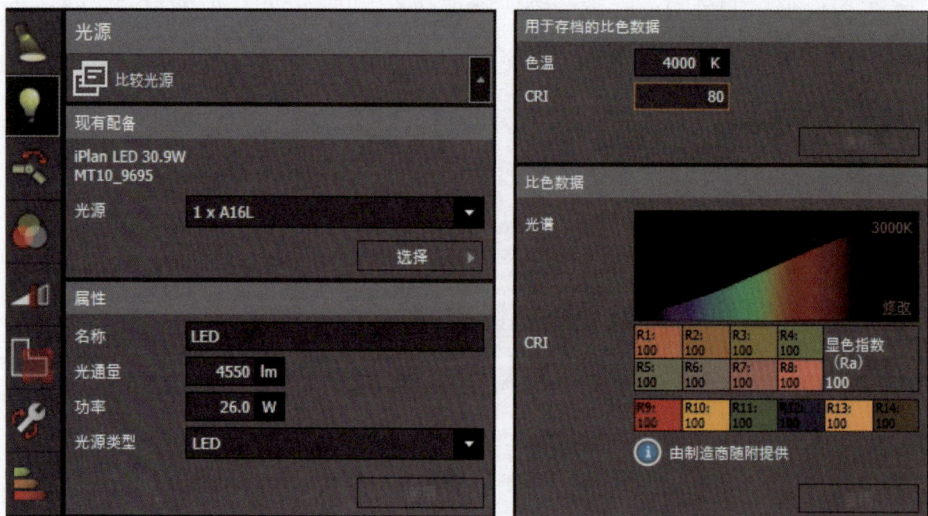

图 5-2　光源操作界面

"调整接头"主要用于调整一些可调角的射灯或者导轨射灯的照射角度，通过调整灯具出光的照射点来调节灯具的照射方向，以满足设计的光环境需求（见图 5-3）。

"滤色片"主要用于修改出光颜色，常运用于一些需要彩色灯光的场景（见图 5-4）。

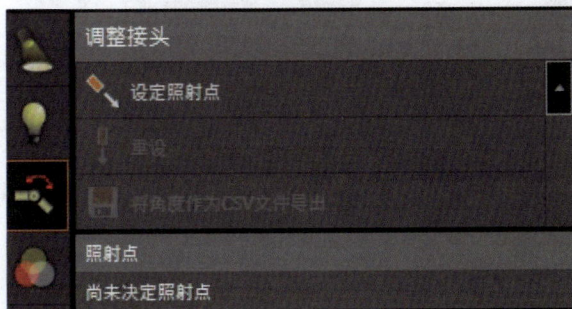

图 5-3　调整接头操作界面　　　　图 5-4　滤色片操作界面

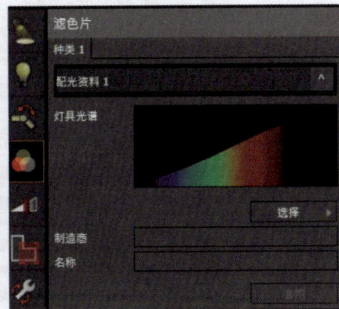

在了解以上主要内容后，我们可以进入接下来的 IES 文件的置入及相关参数修改的学习中。

导入 IES 文件有以下两种方式：

方式一，插件版灯具库导入。我们在第 2 章中已经学习了插件的安装，此时我们只需要双击打开灯具库插件即可。根据安装形式选择相应的子目录，挑选功率、光束角、色温都满足设计要求的灯具，单击"Use in Dialux"，即可将该 IES 文件导入 DIALux evo 软件（见图 5-5）。

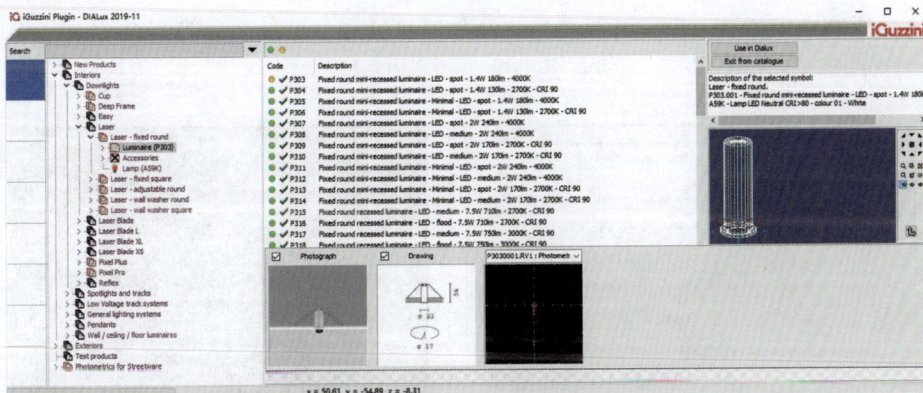

图 5-5　插件版灯具库导入灯具

方式二，网页版灯具库导入。如果没有安装灯具插件，我们也可以通过网页版进行灯具 IES 文件的导入。打开 DIALux evo 软件，选择品牌库，则会出现各式各样的灯具品牌，选择一个单击"开启产品目录（线上）"，即可打开该品牌的相关灯具库软件，选择一个合适的灯具将其导入 DIALux evo 软件（见图 5-6）。

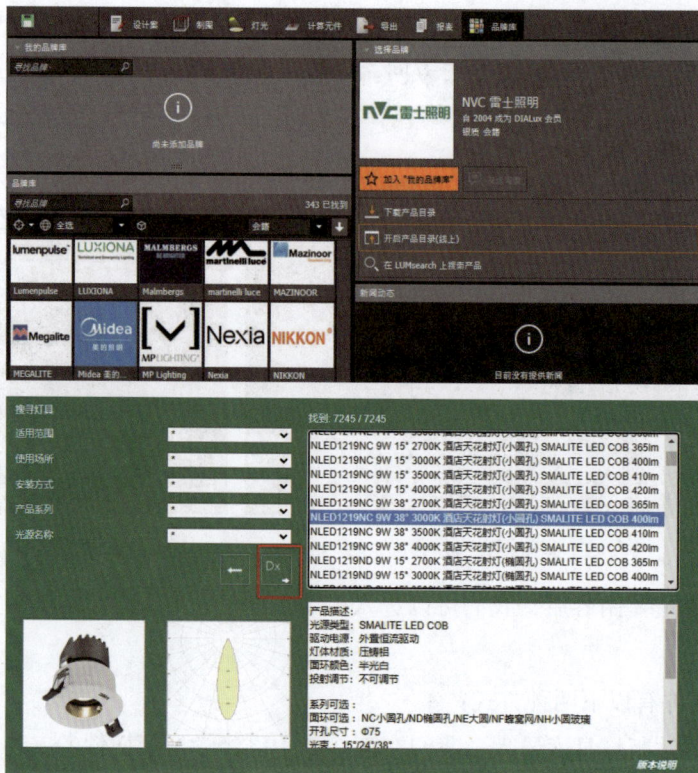

图 5-6　网页版灯具库导入灯具

　　接下来我们学习灯具的排列。首先我们找一个合适的灯具IES文件导入DIALux evo软件中，接下来我们看一下不同阵列形式的区别。

　　（1）绘制矩形排列：我们可以通过修改灯具X轴和Y轴的数量及对齐方式，来调整灯具数量（见图5-7）。

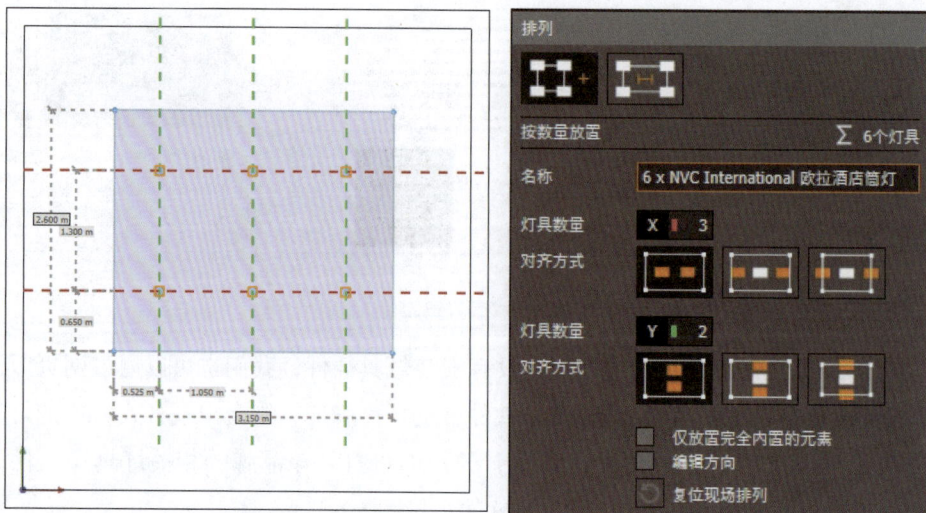

图 5-7　矩形排列

（2）绘制多边形排列：同样我们可以通过修改灯具 X 轴和 Y 轴的数量及对齐方式，来调整灯具数量（见图 5-8）。

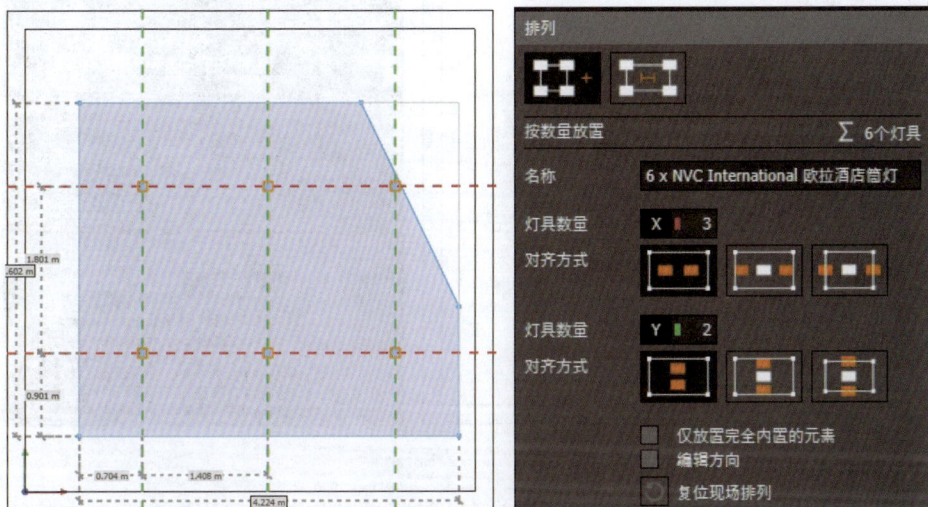

图 5-8　多边形排列

（3）绘制圆形排列：我们可以修改数量，系统会自动给我们灯具排列，我们也可以修改中心点的位置以及圆的半径（见图 5-9）。

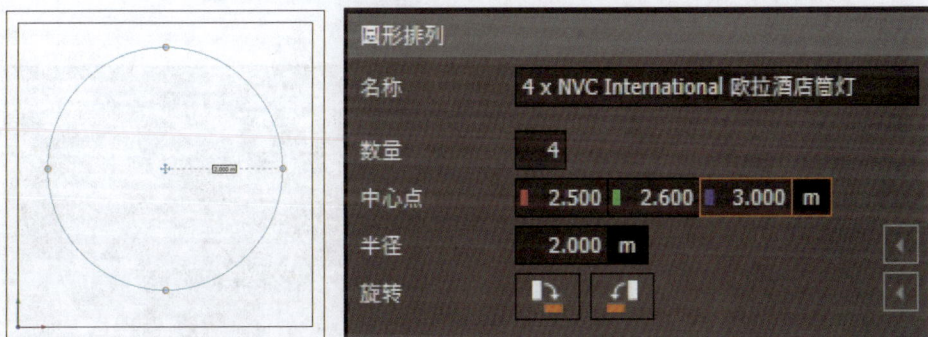

图 5-9　圆形排列

（4）绘制直线排列：先绘制一条直线，让灯具沿直线布置，我们可以通过修改灯具数量及对齐方式来满足我们设计要求，同时可以通过输入数值来修改直线的长度（见图 5-10）。

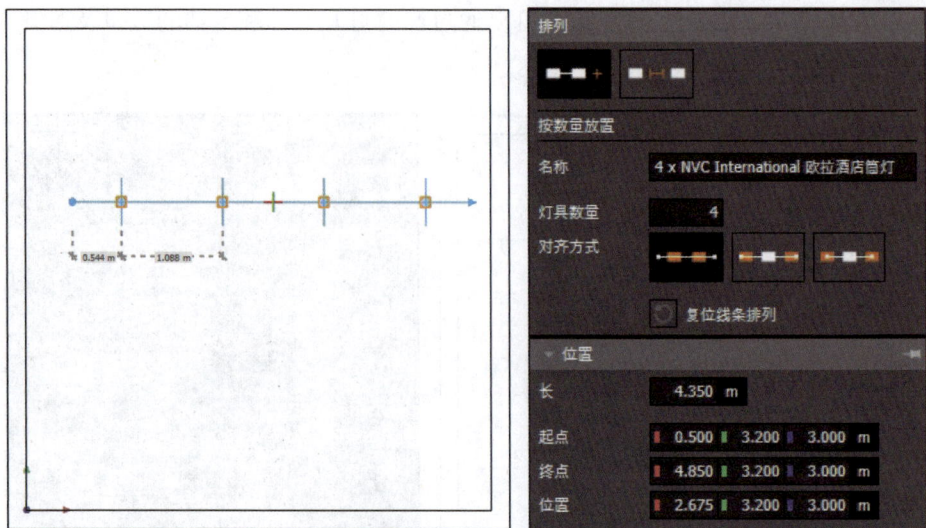

图 5-10　直线排列

（5）置入单个灯具：单灯置入，可以通过复制粘贴将每一盏灯挪至图纸灯位，来实现灯具的整体布置。

（6）自动放置空间需要的灯具数量，单击后系统会自动根据空间的大小，来平均布置灯具，当然我们也可以通过修改灯具X轴和Y轴的数量及对齐方式，来调整灯具数量（见图5-11）。

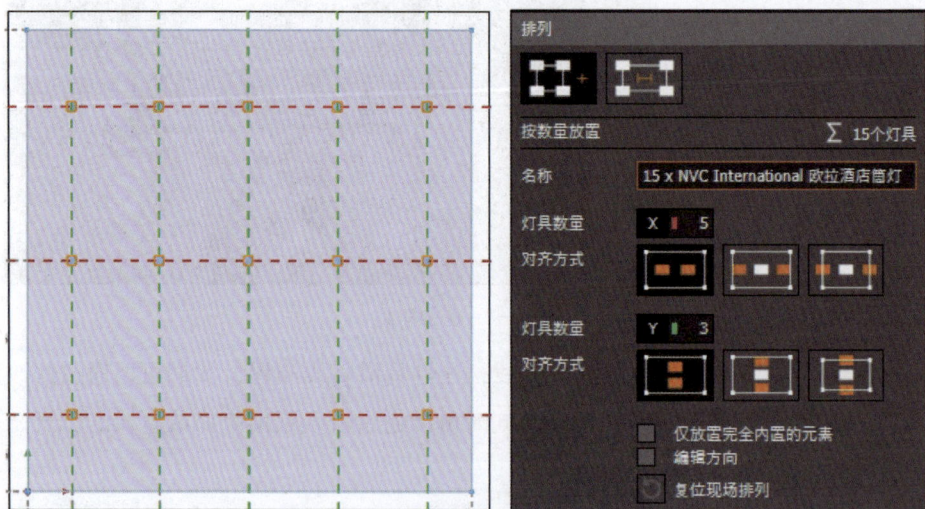

图 5-11　自动放置空间需要的灯具数量

（7）替换所选灯具：当我们更换部分灯具选型的时候就需要用到此功能，选中需要更换的灯具，单击替换所选灯具，选择合适的灯具IES文件，单击"套用"即可完成灯具替换。

（8）替换该类型的所有灯具：即更换同一个IES文件中的所有灯具。

接下来我们通过之前的项目来练习灯具的布置：

【Step1】在"灯光"的状态下，选择"灯具"；在插件库内选择合适的灯带IES文件，置入DIALux evo软件；通过"绘制直线排列"沿着天花灯带位置绘制；调整灯具数量以及线的数值。

【Step2】选中灯具，单击"显示选项"，开启"配光曲线"。我们可以看到此时的配光曲线是朝下的，我们需要旋转配光曲线的角度使之朝上（见图5-12）。

图5-12 放置灯带灯具文件

【Step3】调整灯具高度，使之落在天花灯槽的安装平面上（见图5-13）。

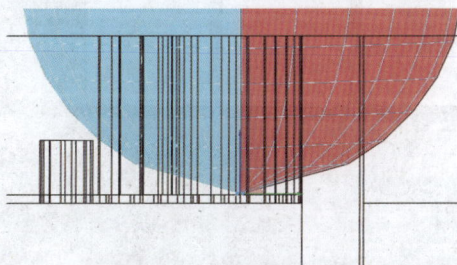

图5-13 调整灯带高度

5.1 IES文件的导入及灯具布置-1

【Step4】重复上述步骤，将其他的灯带放置完整。

【Step5】在"灯光"的状态下，选择"灯具"；在插件库内选择合适的射灯IES文件，置入DIALux evo软件，我们可以通过单灯置入或绘制直线排列，布置射灯；调整灯具高度（见图5-14）。

5.1 IES文件的导入及灯具布置-2

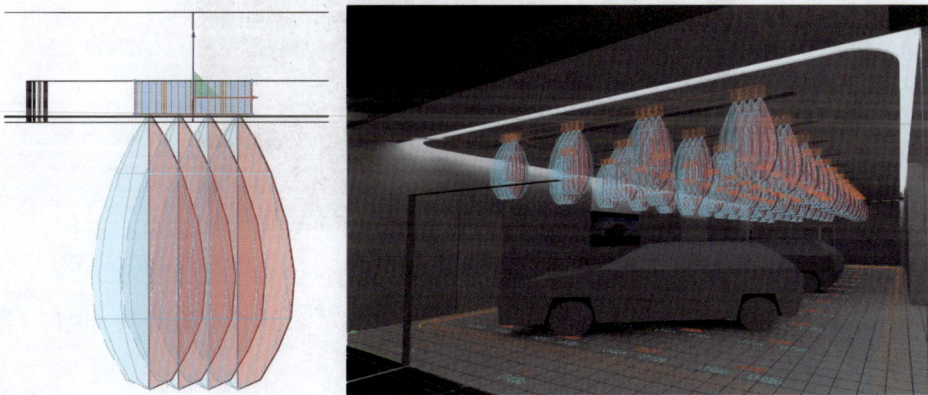

图5-14 布置射灯

5.2 IES文件参数的调整

有些灯具制造商不会每个产品都生成IES文件，因此我们在日常设计中就会遇到在灯具库内找不到完全符合设计要求的灯具IES文件的情况，此时就需要我们自行通过修改灯具的参数来满足设计需求。

接下来我们通过一个案例来练习一下IES文件参数的调整。

【Step1】在"灯光"的状态下，旋转"灯具"，框选我们在上一节中放入模型的射灯文件，原设计要求是15W，而我们运用的是18W的灯具IES文件，故此时我们要对其修改灯具参数（见图5-15）。

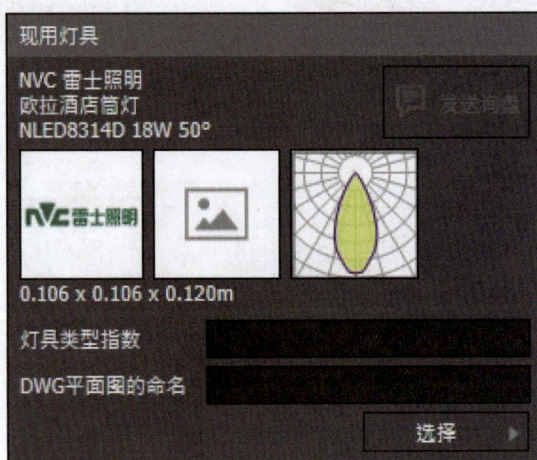

图 5-15 原灯具参数

【Step2】单击"光源"，修改光通量为（1356/18）×15=1130lm，功率修改为15W，单击"套用"（见图5-16）。

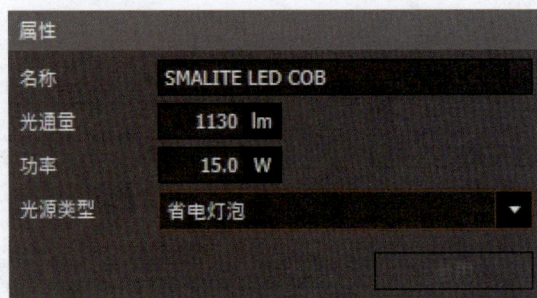

图 5-16 灯具参数修改

【Step3】修改"比色数据"为4000K，单击"修改"，选择"LED"，单击"套用"（见图5-17、图5-18）。

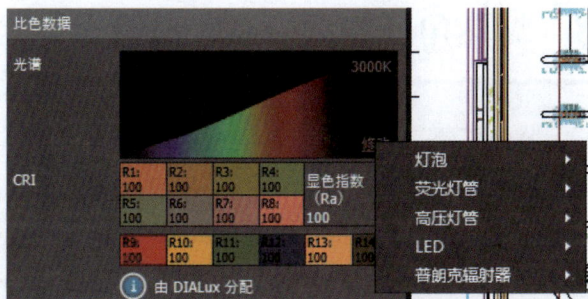

图 5-17　灯具参数修改

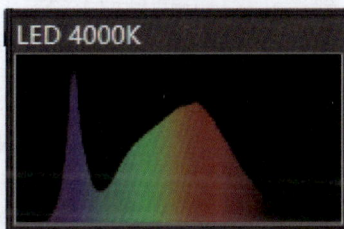

图 5-18　灯具参数修改

【Step4】按照以上步骤，我们就完成了灯具的参数修改。我们回到"灯具"—"光学数据"，可以看到此时的灯具光通量、功率、光效、色温都是修改后的参数值（见图5-19）。

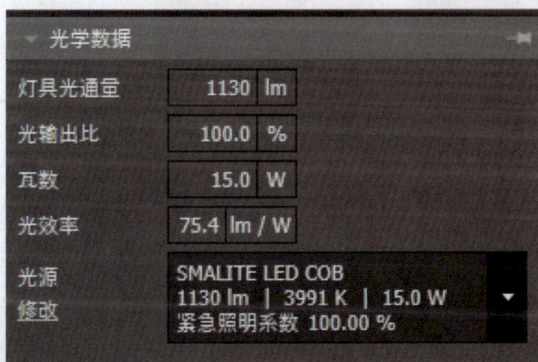

图 5-19　修改后灯具的参数值

提示：

（1）灯具的光束角是无法在DIALux evo软件中进行修改的，因此我们找灯具IES文具的前提是找光束角能匹配的灯具，其他的参数如功率、光通量、色温可通过DIALux evo软件进行修改。

（2）灯具的光效=灯具光通量/功率，如果我们知道一个灯具的光效时，我们可以直接通过"光效 × 灯具功率"得出灯具的光通量，如果未告知灯具的光效，则需要我们自行计算，即原灯具的光通量/原灯具功率。

5.2 IES文件参数的调整

5.3 灯具角度的调节及实时显示的运用

灯具在调节形式上分为可调节和不可调节两种，例如筒灯、灯带等用作一个空间的基础照明和氛围照明，一般为不可调节灯具；而嵌入式射灯、导轨式射灯等一般用作空间的重点照明，为空间的艺术品或墙面的挂画提供戏剧性灯光，需要根据艺术品的位置相应地调整照射角度，因此基本为可调节灯具。

本节我们学习如何调整灯具的角度，来实现灯具的定向打光。我们可以结合实时显示的功能，在未渲染的情况下观察灯具打光的即时效果，以此来提高我们的工作效率。

接下来我们通过一个案例（见图5-20）来练习灯具角度的调节，同时结合实时显示的运用。首先我们来分析一下空间内的展陈物品，有中央区域的摆件和墙上的装饰画，那么这两个区域就是需要我们用灯光照亮之处，接下来我们从布灯开始逐步操作。

【Step1】选择 9W 15° 3000K 灯具，从四个面照射中央区域的摆件（见图5-21）。

图5-20 小案例空间布置

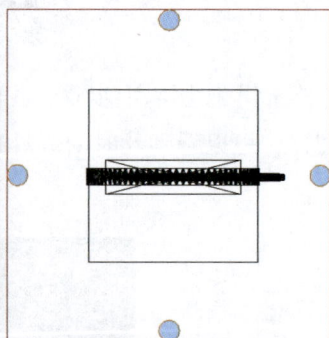

图5-21 灯具布置

【Step2】点开"显示选项"，打开"LEO设定"，此时我们可以看到灯具的LEO设定是垂直往下（见图5-22、图5-23）。

图5-22 LEO设定线（1）

图5-23 LEO设定线（2）

【Step3】点开"显示选项"，打开"灯光可视化"，单击摆件上方的某一个灯具，则可在不渲染的情况下，显示该灯具及其周边部分灯具的实时灯光效果（见图 5-24、图 5-25）。

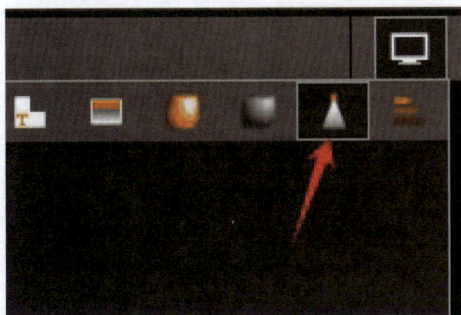

图 5-24 实时灯光显示（1）　　　　图 5-25 实时灯光显示（2）

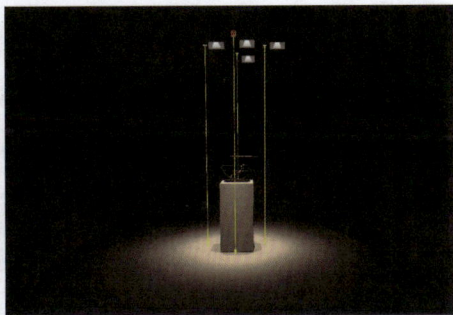

【Step4】我们可以看到此时的灯具角度是在未调节的状态下，灯光都落到了地面上，明显不符合设计要求，因此我们需要调整灯具的照射角度，让光落到摆件上。选择其中的一个灯具，单击"调整接头"，选择"设定照射点"，单击需要照射的地方，即可调整灯具的角度。其他灯具重复以上操作步骤（见图 5-26、图 5-27）。

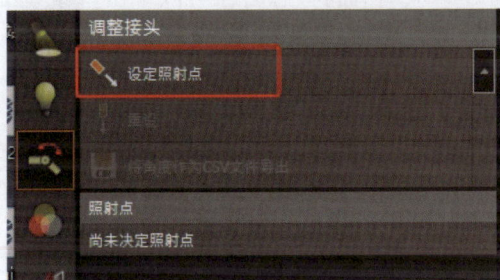

图 5-26 灯具角度调节（1）　　　　图 5-27 灯具角度调节（2）

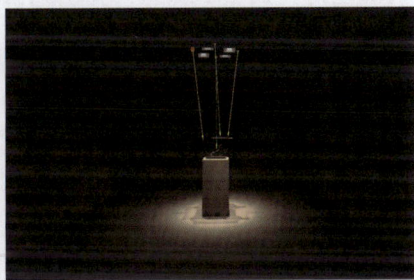

【Step5】选择 9W 36° 3000K 灯具，从正面照射墙上的艺术画（见图 5-28）。

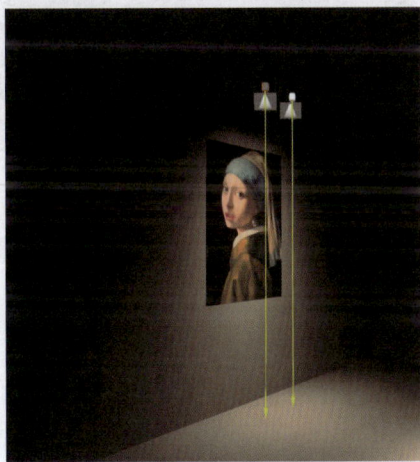

图 5-28 装饰画灯具布置

【Step6】按步骤 4 的操作调整射灯角度，让光落到装饰画上，打开实时显示同步观测光斑的情况，可以进行多次调节直到满意为止（见图 5-29）。

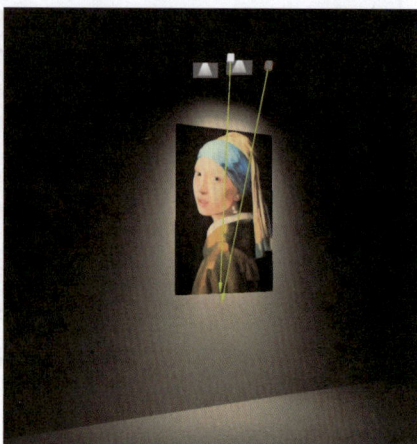

图 5-29　灯具角度调节

提示：

（1）当灯具调整不理想，我们想回到灯具未调节的状态时，可以单击"重置"（见图 5-30）。

（2）嵌入式的可调节射灯，横向旋转 355°，纵向可调范围为 ±30°。

因此需要注意下旋转角度的数值不要超过调节范围（见图 5-30），导轨式射灯可调节范围一般比较大。

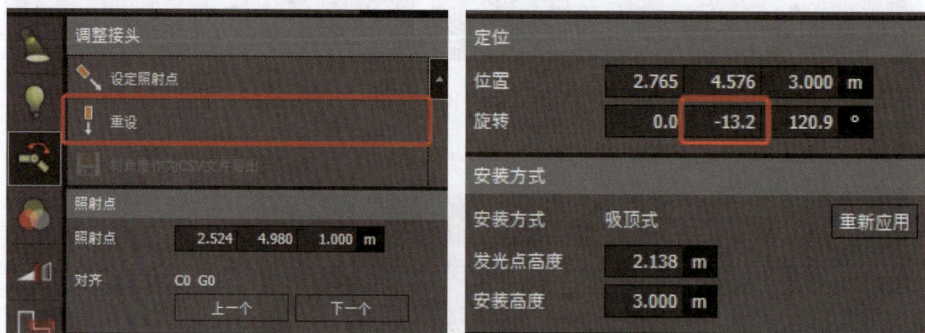

图 5-30　灯具角度调节

5.3 灯具角度的
调节及实时显示
的运用

5.4　滤色片及颜色白平衡的运用

当我们在设计案例中需要用到RGB的灯具，也就是带光色变换的灯具时，普通的单色的灯具IES文件已经无法满足我们的设计需求了。这时我们就要用到滤色片，对灯具出光的颜色进行改变（见图5-31至图5-34）。

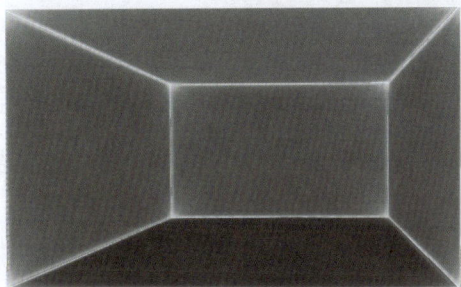

图5-31　滤色片效果（1）

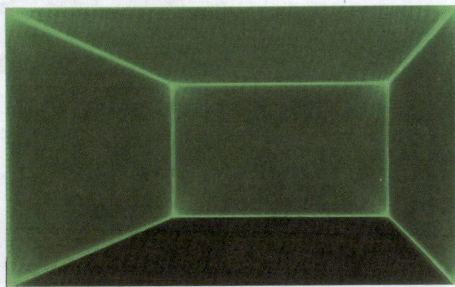

图5-32　滤色片效果（2）

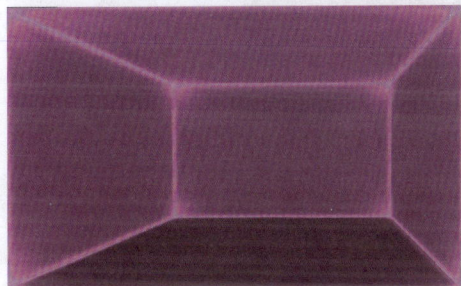

图5-33　滤色片效果（3）

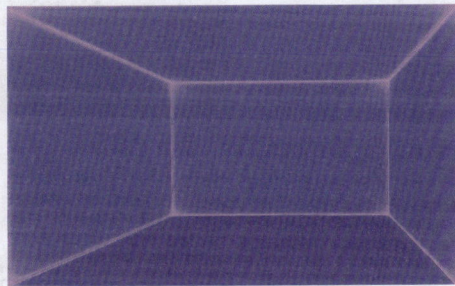

图5-34　滤色片效果（4）

白平衡（见图5-35）常用来调整空间内灯光的整体色调。一般系统默认的是"自动"，当我们视觉上观测到渲染后的空间灯管与灯具色温不太相符时，我们可以通过"手动"调整白平衡来满足我们的设计需求。

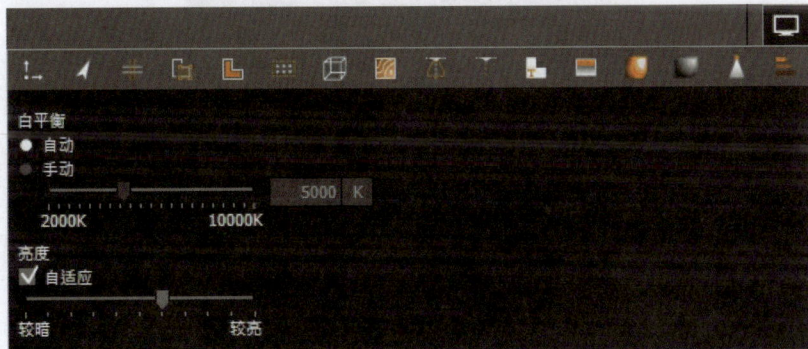

图5-35　白平衡

我们可以把白平衡理解为目标色温，假设设计空间中的灯具色温为3000K，当白平衡色温设置为 3000K 时，整体空间色温效果如图 5-36 所示。

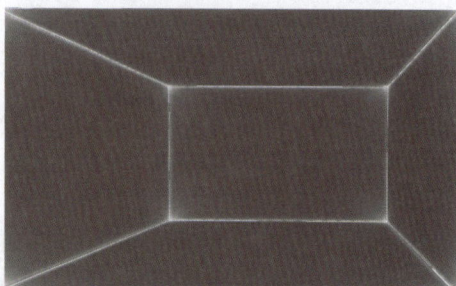

图 5-36　白平衡为 3000K

当白平衡色温设置为 3500K 时，整体空间色温效果如图 5-37 所示。

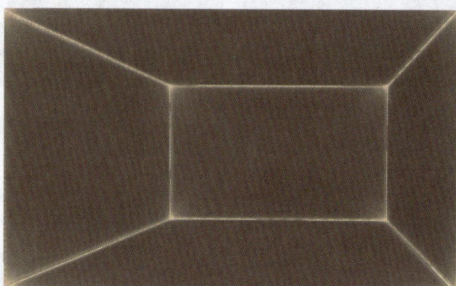

图 5-37　白平衡为 3500K

当白平衡色温设置为 2500K 时，整体空间色温效果如图 5-38 所示。

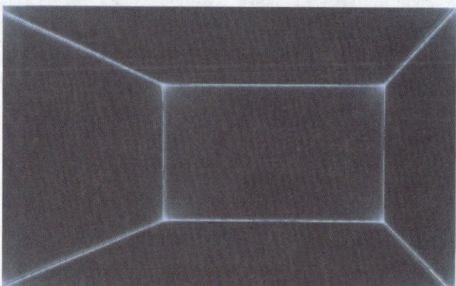

图 5-38　白平衡为 2500K

由此可见，当设计色温与目标色温相同时，整体色温效果偏中性色；当设计色温比目标色温低时，整体色温效果偏暖；当设计色温比目标色温高时，整体色温效果偏冷。

我们还可以通过调节"亮度"的滑块来改变空间的明暗（见图 5-39）。

图 5-39　亮度调节

CHAPTER 6

计算面设置

学生通过本章节的学习，能够熟练掌握不同形式的计算面的放置及相应参数的设置，理解并掌握不同功能空间内计算面放置高度的基本原则。

教学要求

通过图文的详解，使学生逐步掌握计算面的相关知识点。同时，学生也可扫描二维码，观看教学视频，进一步加强对知识点的理解。

重点： 熟悉计算面的放置及参数设置。

难点： 掌握计算面在各个空间中放置的基本原则。

6.1　不同形式的计算面放置

在照度计算中，计算元件的放置是非常必要的，它是最终数据形成的载体，我们可以通过它读取照度的数值（包含平均值、最大值、最小值等）。接下来我们具体来看一下"计算元件"的操作界面（见图 6-1），其上半部分是计算元件的形式，下半部分为计算元件的参数。

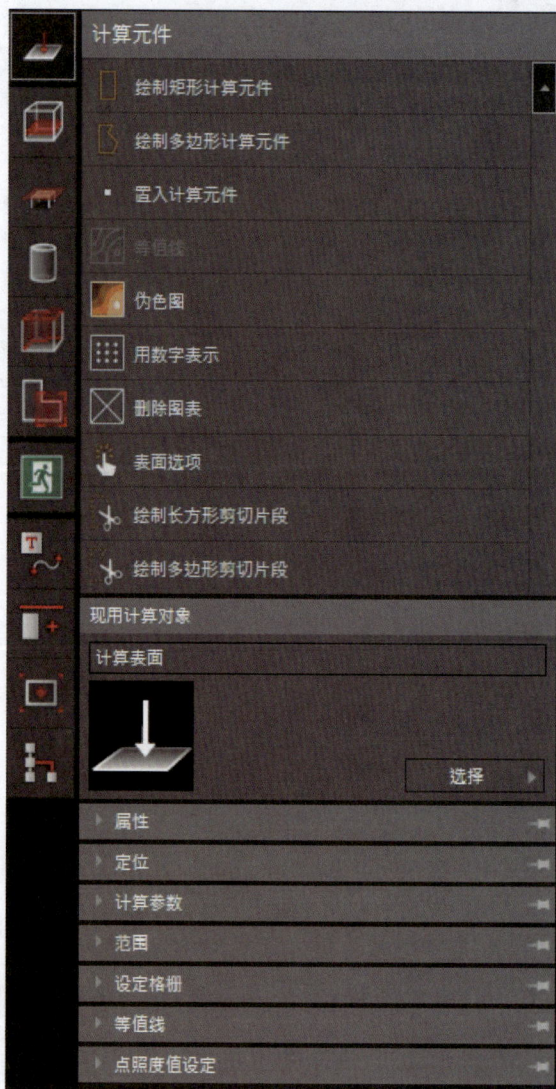

图 6-1　计算元件操作界面

不同计算元件形式的运用：

（1）绘制矩形计算元件：矩形计算面是比较常规的一个计算面，常常运用于被照面比较规整的情况（见图 6-2）。

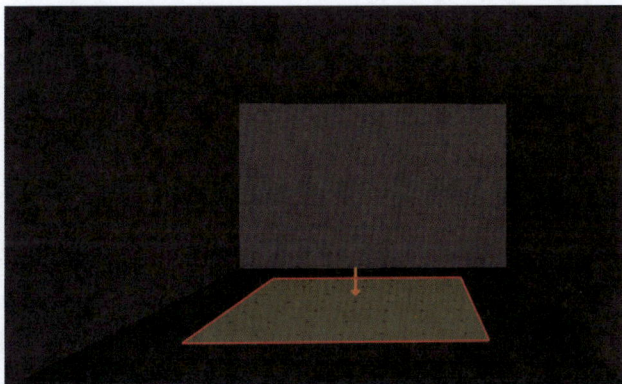

图 6-2　矩形计算元件

（2）绘制多边形计算元件：这是我们最常用的一种绘制计算面的形式，尤其是运用在被照面不规则的情况下，我们可以通过增加点的形式绘制出符合设计要求的计算面（见图 6-3）。

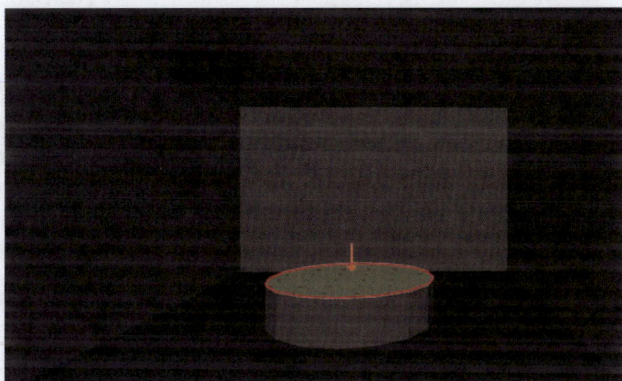

图 6-3　多边形计算元件

（3）置入计算元件：小单位的计算元件置入（在设计中不太运用），可以运用在不同维度的空间内，例如球形或双曲面的被照面（见图 6-4）。

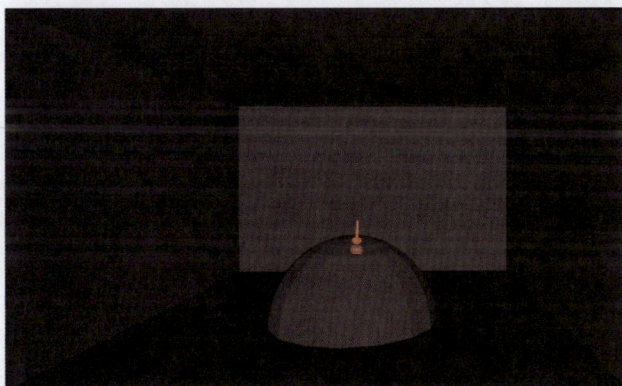

图 6-4　置入计算元件

（4）等值线：该功能通常在某个空间放置灯具并渲染完后才能显示，我们可以看到计算面上出现了不同的等值线，且每根等值线对应着相应的照度值，意味着在该等值直线范围内的照度均为该数值（见图6-5）。

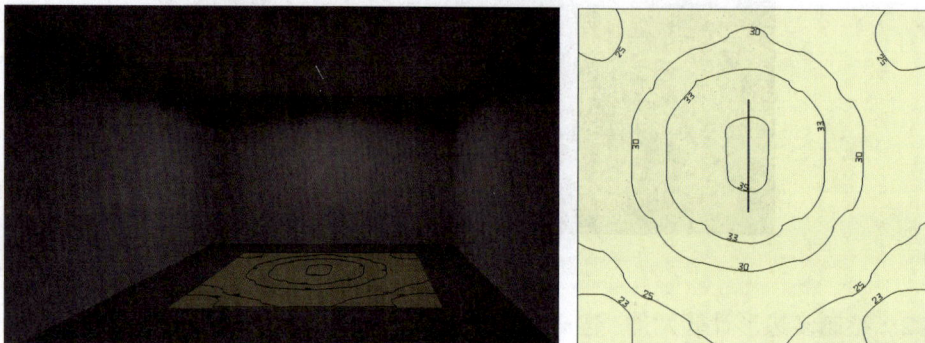

图6-5　等值线

（5）伪色图：同样该功能通常在某个空间放置灯具并渲染完后才能显示。选中某个计算面，再单击"伪色图"，即可看到不同数值对应的不同色块（见图6-6）。

图6-6　伪色图

（6）用数字表示：除了通过等值线或伪色图来观察照度值外，我们也可以通过计算面上的点值来观察照度，更为直观（见图6-7）。

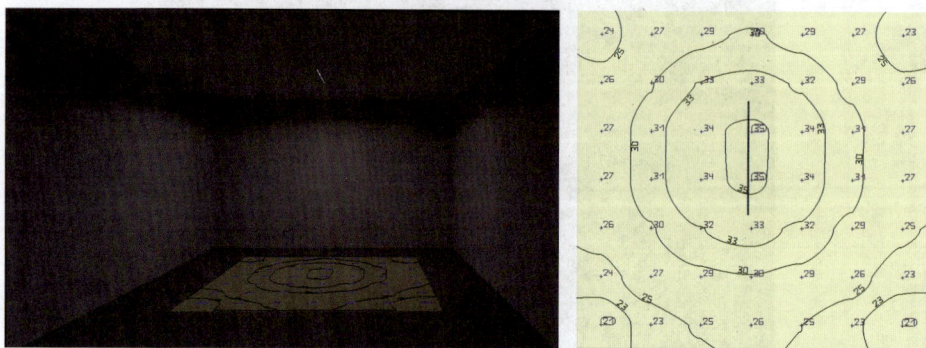

图6-7　用数字表示

（7）删除图表：当我们不需要显示等值线图、伪色图、点值图时，可以通过"删除图表"来实现（见图6-8）。

图6-8　删除图表

（8）表面选项：我们可以运用该功能直接在空间内选取需要的工作面（见图6-9）。

图6-9　表面选项

（9）绘制长方形剪切片段：在设计过程中，往往会碰到这样的情况，我们需要测地面的照度，但是空间内有桌椅板凳挡住了其正下方地面的光，此时该处的地面照度会很低，导致计算下来的整体地面照度被拉低，很明显这样的照度值是不精确的，因此我们需要将被家具物体挡住的相应计算面剪切掉，确保我们放置的计算面都能受光（见图6-10）。

图6-10　绘制长方形剪切片段

（10）绘制多边形剪切片段：原理同"绘制长方形剪切片段"，相比绘制长方形剪切片段，绘制多边形剪切片段更为灵活。

6.1 不同形式计算面放置

6.2　计算面参数的设置

计算面放置只是完成了计算面设置的第一步，我们还需要对它的属性及参数进行设置。接下来我们以某个矩形计算面为例，设置一下在设计中的常用参数。

（1）属性：当一个空间有多个计算面时，就需要给各个计算面命名来区别，如果有特殊说明可以在说明栏里增加相应内容（见图6-11）。

图6-11　命名计算面

（2）定位：计算面并不都是放置于地面上的，如果我们要知道桌面的照度值，就需要在桌面上放置计算面，而绘制计算面的时候，其位置默认都是在地面上，因此我们需要设置计算面的位置（见图6-12）。

图6-12　定位计算面

（3）计算参数：涵盖了多种测算照度的模式、统一眩光指数、日光系数等，在我们日常设计中最常用的是"直角照度"（见图6-13）。

图6-13　计算参数

（4）设定格栅：我们可以通过手动输入X轴、Y轴的数量或者间距，来设置计算面上的点（见图6-14、图6-15）。

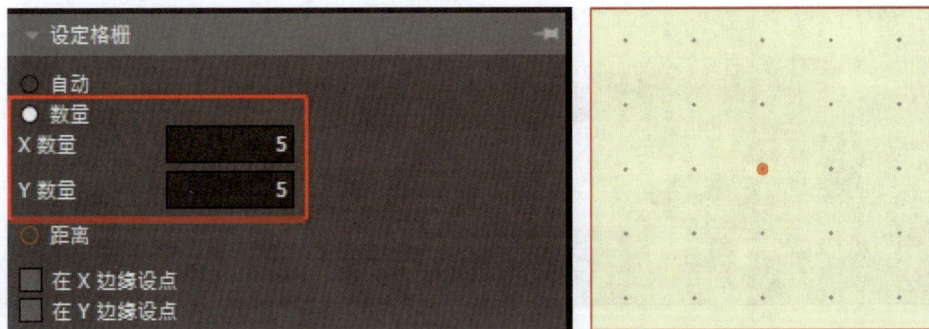

图 6-14　设定格栅参数设置－数量

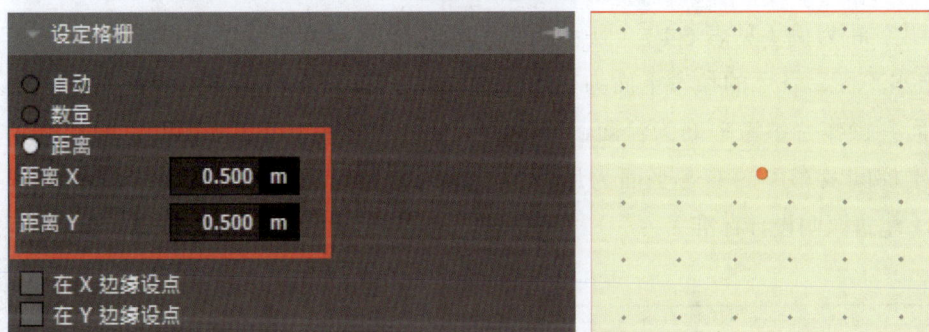

图 6-15　设定格栅参数设置－距离

（5）等值线：我们可以通过修改等值线的颜色、字号，修改等值线的显示。也可以通过修改其配置，重新划分等值线的数值或间距（见图 6-16）。

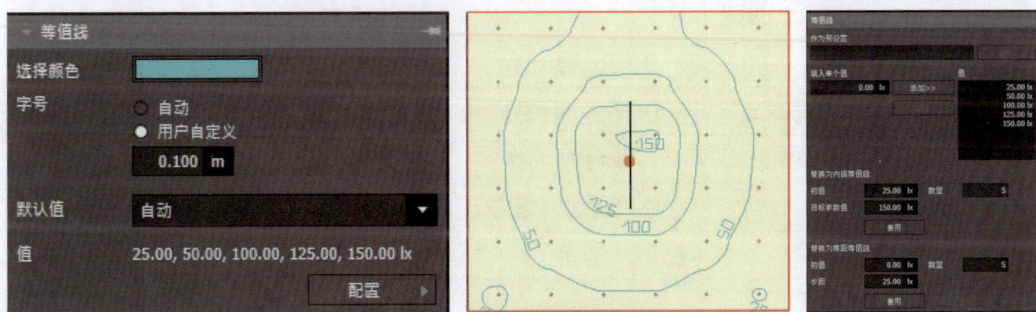

图 6-16　等值线参数设置

（6）点照度值设定：我们可以通过修改点照度值的颜色、字号，修改点照度值的显示（见图 6-17）。

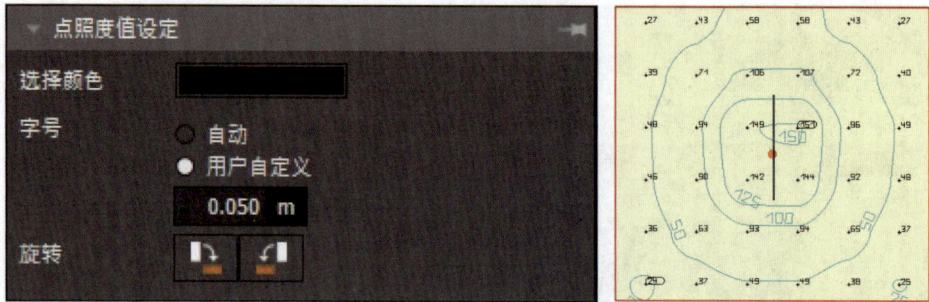

图6-17　点照度值参数设置

（7）关于计算面高度的设置，其实不同空间要求的计算面位置是不一样的，以住宅照明空间为例（见表6-1），卧室的一般活动、书桌、床头、阅读参考平面高度为0.75m水平面，餐厅的参考平面为0.75m水平面，厨房的一般活动的参考平面为0.75m水平面，操作台参考平面为台面，卫生间的参考平面为0.75m水平面，电梯前厅、走道、楼梯间及车库的参考平面为地面。更多功能空间的参考平面高度见GB 50034—2013《建筑照明设计标准》。

表6-1　住宅建筑照明标准值[①]

房间或场所		参考平面及其高度	照度标准值（lx）	R_a
起居室	一般活动	0.75m水平面	100	80
	书写、阅读		300*	
卧室	一般活动	0.75m水平面	75	80
	床头、阅读		150*	
餐厅		0.75m餐桌面	150	80
厨房	一般活动	0.75m水平面	100	80
	操作台	台面	150*	
卫生间		0.75m水平面	100	80
电梯前厅		地面	75	60
走道、楼梯间		地面	50	60
车库		地面	30	60

6.2 计算面参数
　的设置

---

① 引自GB 50034—2013《建筑照明设计标准》

CHAPTER 7

第 7 章

空间渲染

学习目标

学习目标

学生通过本章的学习，能够熟练掌握渲染和高级渲染的运用，了解场景模式的意义，熟练掌握场景的划分及参数设置。

教学要求

通过图文的详解，使学生逐步掌握渲染及场景模式的相关知识点。同时，学生也可扫描二维码，观看教学视频，进一步加强对知识点的理解。

重点： 熟悉渲染操作。

难点： 掌握场景的模式划分及参数设置。

7.1 渲染及高级渲染

在完成了前期的建模及材质贴图后，我们接下来进入后期的渲染环节。我们所有的光环境数据必须在渲染后才能得出，包括效果图、LEO射线图、伪色图、点照度值、辉度值等（见图7-1至图7-5），可见渲染对于照度测算的重要性。

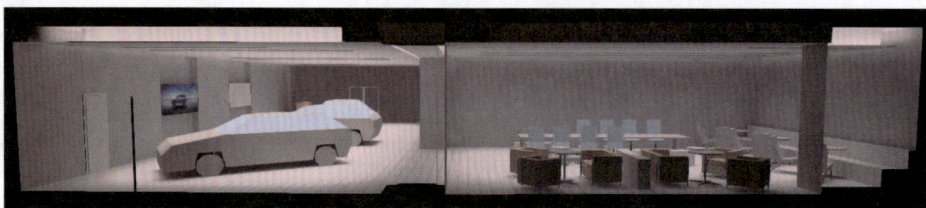

图7-1 效果图

图7-2 LEO射线图

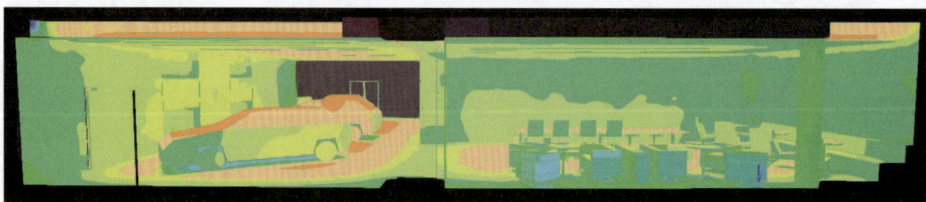

图7-3 伪色图

图7-4 点照度值

图 7-5　辉度值

当我们点开渲染工具右侧的小按钮时，会出现"计算所有灯光场景"及"仅计算已激活的灯光场景"两个渲染的选项（见图 7-6）。

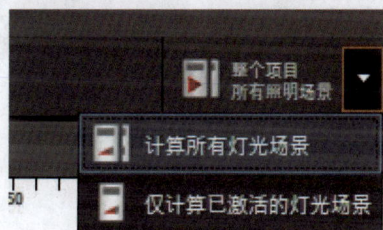

图 7-6　渲染

那我们渲染的时候到底选择哪个呢？有什么区别？接下来我们一起学习关于渲染的知识要点。

（1）计算所有灯光场景：当我们在同一个楼层中创建了多个功能空间时，如果整个文件不是很大，我们可以使用"计算所有灯光场景"，即单击该渲染按钮后，软件会计算所有功能空间内的灯光。当文件过大，或空间的内容过多时，软件渲染速度会变慢，且容易出现卡顿的现象。

（2）仅计算已激活的灯光场景：如果整个文件较大，我们可以使用"仅计算已激活的灯光场景"，这样只需渲染我们选定的空间照度，大大节省了渲染的时间。通常在后期对某个空间进行更改的情况下，我们常用"仅计算已激活的灯光场景"来对该空间进行单独的渲染。

因此，我们需要根据自己的设计需求来选择合适的渲染选项，从而节省时间，提高工作效率。

高级渲染的运用：当场景中出现玻璃、水面等具有透射性的材质时，普通的渲染显然满足不了我们的设计需求，这时我们可以使用高级渲染，就可以使渲染出来的材质更通透、更为真实（见图 7-7 至图 7-10）。

图 7-7　玻璃材质普通渲染

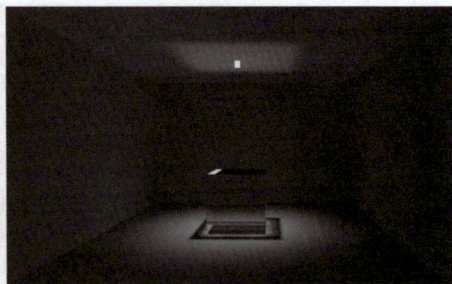

图 7-8　玻璃材质高级渲染

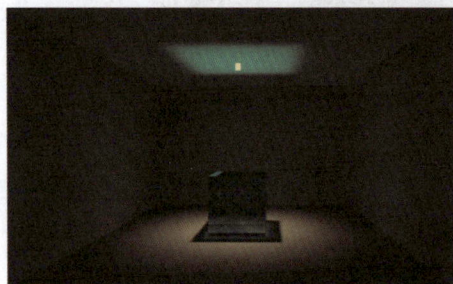

图 7-9　水材质普通渲染

图 7-10　水材质高级渲染

高级渲染功能的使用：

【Step1】首先使用普通渲染，将空间场景计算一遍。

【Step2】在"导出"的状态下，选择"光线追踪"，单击"启动光迹跟踪"即可（见图 7-11）。

图 7-11　高级渲染

提示：

可以通过调节属性里的分辨率来调整高级渲染出来的图片大小（见图 7-12）。

图 7-12　高级渲染分辨率

7.2 场景模式的划分及参数设置

场景模式是指根据人的不同需求开启不同的灯具，我们将每个场景所需要开启的灯具各自集合到一个控制键内，即可实现一键开启场景模式的功能。

假设在一个家居空间中，有基础照明、重点照明、氛围照明等不同的照明形式，我们可以通过设置不同的场景模式来满足日常功能需求。

（1）迎客模式：当进入客厅时，我们希望感受到的是一个明亮且灯光均匀的灯光环境氛围，此时我们需要打开基础照明、间接照明、重点照明，在满足功能要求的同时营造一种欢快愉悦的气氛（见图 7-13）。

图 7-13 迎客模式

（2）会客模式：当家里来客人时，除了基础照明灯具，我们还会开启氛围照明、重点照明等灯具，提供明亮的照明环境的同时，展示空间中的重要物品，营造出放松、私密的气氛（见图 7-14）。

图 7-14 会客模式

（3）休闲模式：当需要一个舒适的光环境休息时，我们开启氛围照明及部分的重点照明，二次反射下来的灯光柔和而舒适，给工作了一天的我们营造一种轻松愉悦的氛围，抚慰心灵、释放压力（见图 7-15）。

图 7-15　休闲模式

接下来我们一起来学习在 DIALux evo 软件中灯光场景的界面及如何设置灯光场景。

添加灯光场景：根据不同的功能空间的需求划分出多个的灯光场景后，我们可以单击"添加灯光场景"来增加场景（见图 7-16）。

图 7-16　添加灯光场景

复制灯光场景：在已经创立的灯光场景的基础上，我们可以通过"复制灯光场景"来得到一个与之前一样的灯光场景。对复制后的灯光场景再做部分调整即可，无须再重新设置灯具（见图 7-17）。

图 7-17　复制灯光场景

创建新的照明场景：当我们需要创建一个全新的照明场景时，即可使用该功能（见图 7-18）。

图 7-18　创建新的照明场景

添加灯具组：可以理解为设置灯具控制回路，当我们需要给某个场景内的不同灯具划分不同的回路，以满足不同的场景需求时，即可使用该功能（见图 7-19）。

图 7-19　添加灯具组

现用灯光场景：我们可以给灯光场景修改名称，并加以说明（见图 7-20）。

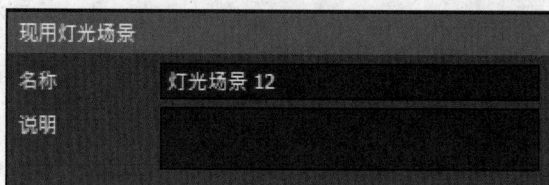

图 7-20　现用灯光场景

灯光场景：我们所创建的所有灯光场景都在该区域内，可以随时调取需要的灯光场景（见图 7-21）。

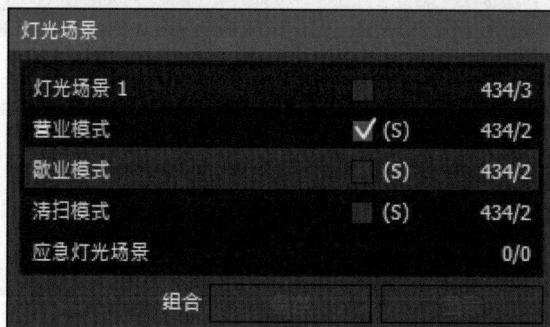

图 7-21　灯光场景

灯光场景的灯具组：创建的灯具组都在该区域内，可对单个灯具组进行修改（见图 7-22）。

图 7-22　灯光场景的灯具组

接下来我们学习各个场景的设置。以前面的展厅模型为例，空间内有灯带、筒灯两种灯具，我们设置三个场景模式，分别为营业模式、歇业模式、清扫模式。

（1）营业模式：开启所有筒灯、灯带。

【Step1】在"灯光"的状态下，单击"灯光场景"—"添加灯光场景"，修改名称为"营业模式"（见图 7-23）。

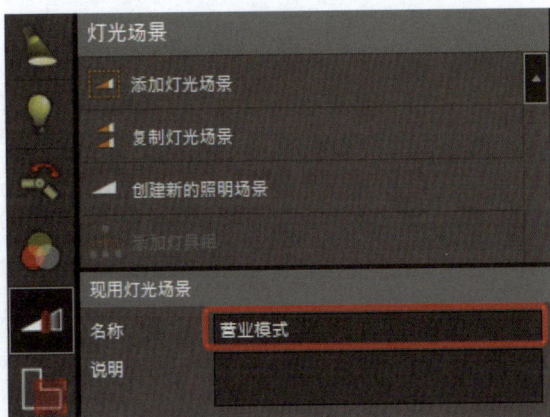

图 7-23 营业模式

【Step2】选择空间内的所有筒灯，单击"—"，这样该灯具组内就只剩下了灯带，命名为"灯带"（见图 7-24）。

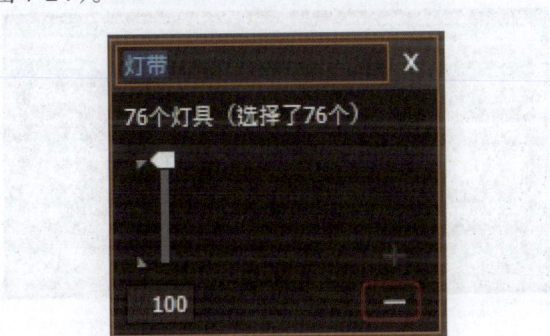

图 7-24 灯带

【Step3】选择空间内的所有筒灯，单击"添加灯具组"，这样该灯具组内就只有筒灯，命名为"筒灯"（见图 7-25），这样我们的"营业模式场景"就创建好了。

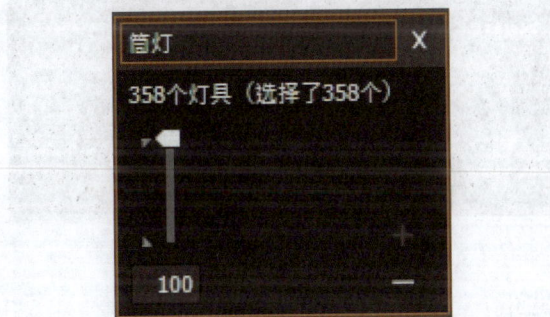

图 7-25 筒灯

（2）歇业模式：关闭筒灯，开启灯带并调光至 15%。

【Step1】在"灯光"的状态下，单击"灯光场景"，选中我们之前创建的"营业模式"后，单击"复制灯光场景"，修改名称为"歇业模式"（见图 7-26）。

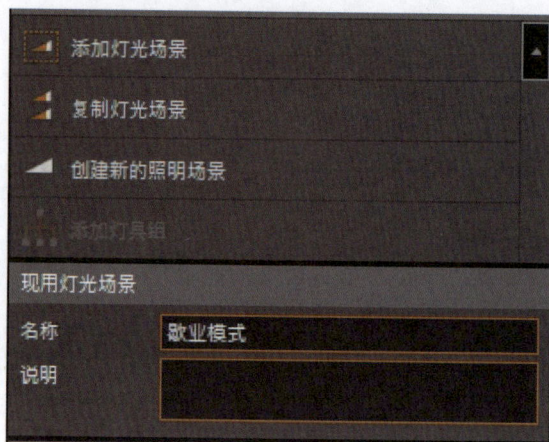

图 7-26　歇业模式

【Step2】选中"歇业模式"，确保该模式是在打钩的状态下（见图 7-27）。

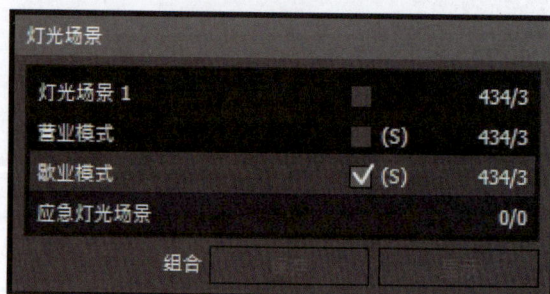

图 7-27　灯光场景

【Step3】将筒灯调光至 0%，灯带调光至 15%（见图 7-28），这样我们的"歇业模式场景"就修改好了。

图 7-28　调光

（3）清扫模式：关闭灯带，开启筒灯并调光至 60%。

【Step1】在"灯光"的状态下，单击"灯光场景"，选中我们之前创建的"营业模式"或"歇业模式"后，单击"复制灯光场景"，修改名称为"清扫模式"（见图 7-29）。

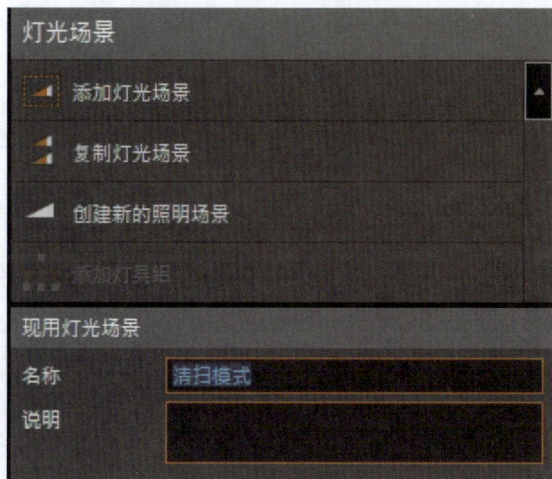

图 7-29　清扫模式

【Step2】选中"清扫模式"，确保该模式是在打钩的状态下（见图 7-30）。

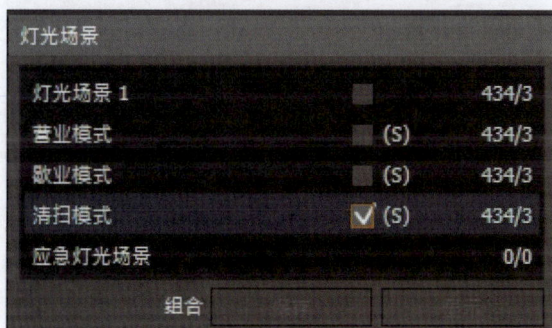

图 7-30　灯光场景

【Step3】将筒灯调光至 60%，灯带调光至 0%（见图 7-31），这样我们的"清扫模式场景"就修改好了。

图 7-31　调光

7.2 场景模式的
划分及参数设置

CHAPTER 8

第 8 章

模型报表

学生通过本章的学习，能够熟练掌握报表的各项功能以及报表导出的流程。

教学要求

通过图文的详解，使学生逐步掌握报表内部分项的相关知识点。同时，学生也可扫描二维码，观看教学视频，进一步加强对知识点的理解。

重点：熟悉报表导出操作。

难点：报表各项参数的意义及设置。

8.1　报表解读

在完成了前期的建模及渲染后，我们接下来进入后期的报表环节。最终完成的模型以及渲染，都是需要以数字和图片的形式呈现出来的，报表是最直观的呈现方式。接下来我们具体来看下"报表"的操作界面（见图8-1）：

（1）左侧栏上半部分是报表选取页数；

（2）左侧栏下半部分为报表的具体选项内容；

（3）右侧栏为各项内容的显示栏。

图 8-1　报表操作界面

接下来，我们对报表常用的选项进行解读：

（1）显示完整页面选项：单击"显示完整页面"，软件会将所勾选的选项以完整的报表展现，其中2/14：2表示进展到第2项，14表示一共勾选了14项内容（见图8-2）。此选项为常用功能键，最终导出报表之前，均需要先单击显示完整页面再导出，否则导出的报表不是最新内容。

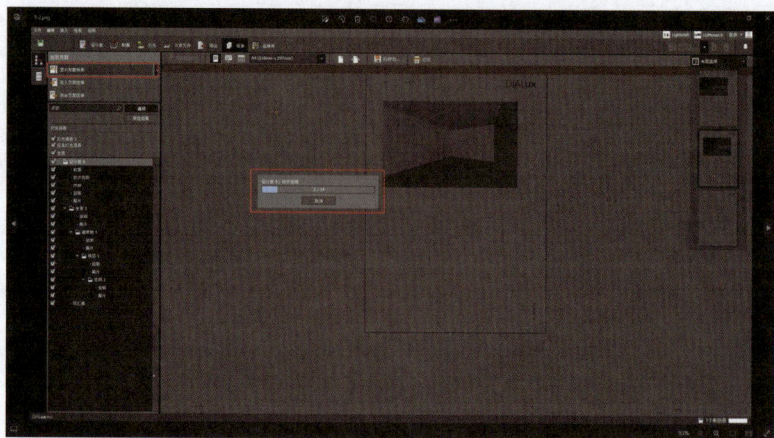

图 8-2　显示完整页面

（2）编辑选项：单击"编辑"，可选择相应的场景（灯光场景/应急灯光场景）以及所需要的分项（见图 8-3、图 8-4）。

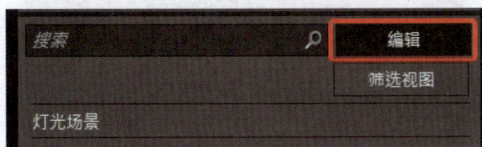

图 8-3 编辑

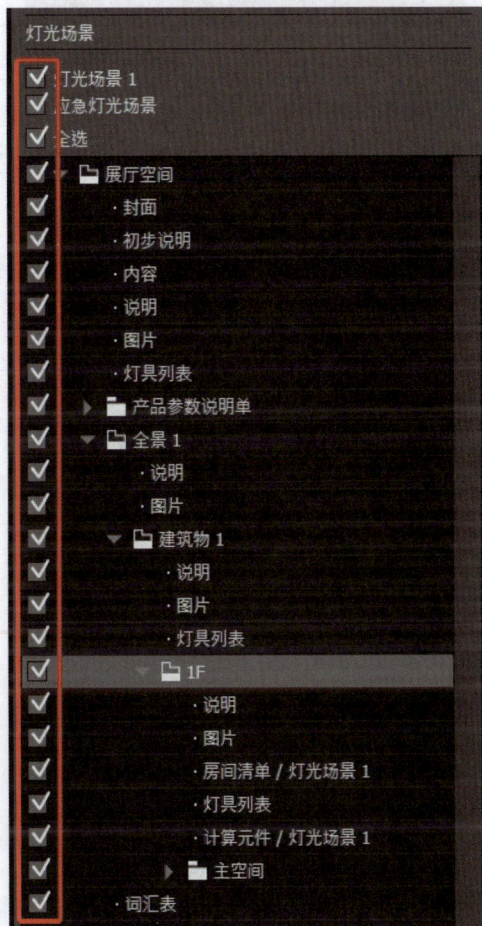

图 8-4 场景及分项

（3）筛选视图选项：单击"筛选视图"—"项目结构"，则显示编辑结束后的项目框架，此时仍处于可编辑状态，可过滤细节分项（见图 8-5、图 8-6）。

图 8-5 筛选视图

图 8-6　过滤细节分项

（4）灯光场景选项：不同项目对场景有不同的需求（场景设置详见第 7 章），选择所需场景，则展开后的分项更新为当前场景模式数值（见图 8-7）。

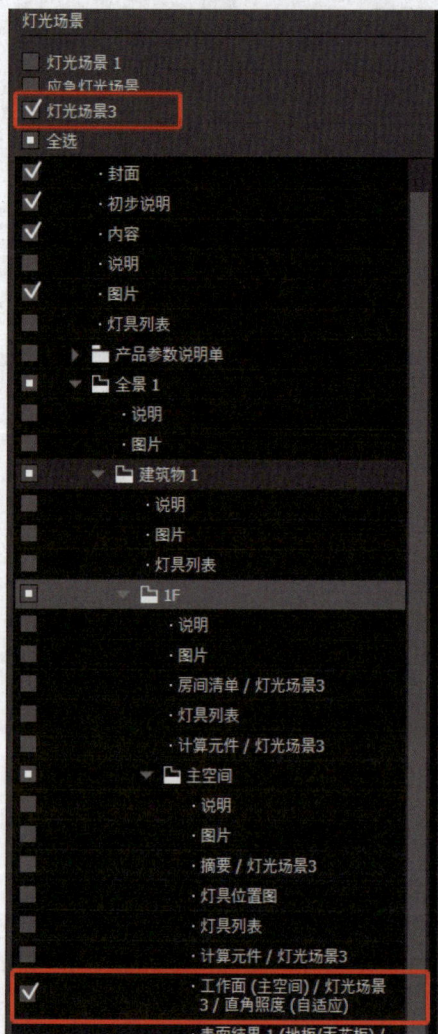

图 8-7　灯光场景选项

（5）封面选项：勾选"封面"选项，右侧视口会显示封面选项所包含的内容——项目名称、封面图片、日期、LOGO以及布局设置（见图8-8、图8-9）。

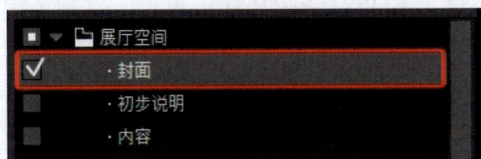

图 8-8　封面

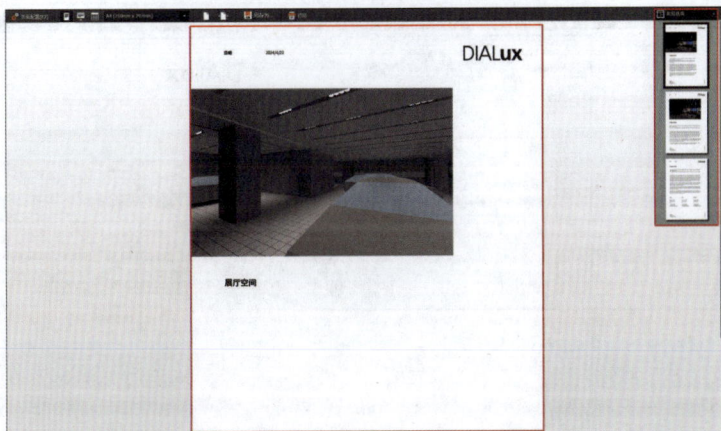

图 8-9　封面信息

（6）内容选项：勾选"内容"选项，右侧视口会显示报表勾选的所有内容，此部分作为整个报告的目录（见图8-10、图8-11）。

图 8-10　内容

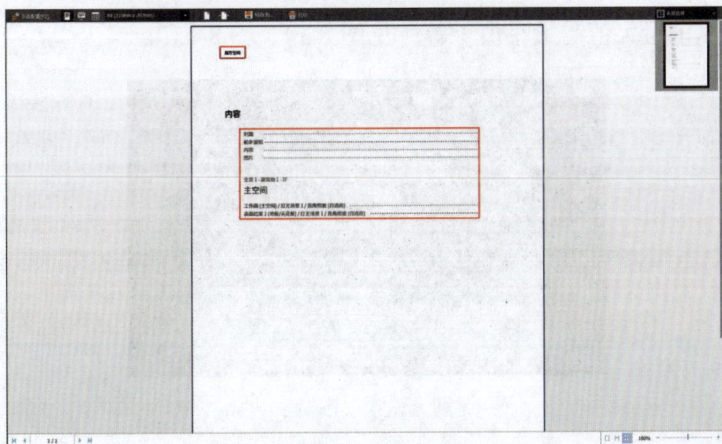

图 8-11　内容信息

（7）图片选项：勾选"图片"选项，右侧视口会显示图片选项所包含的内容——图片（可根据设计需求增加或减少所需的图片）、布局设置（见图 8-12、图 8-13）。图片可作为效果展示，选择所需空间角度的图片载入报表，直观地展现模型整体效果，同时从右侧栏可见布局的选择也更多样化。

图 8-12　图片

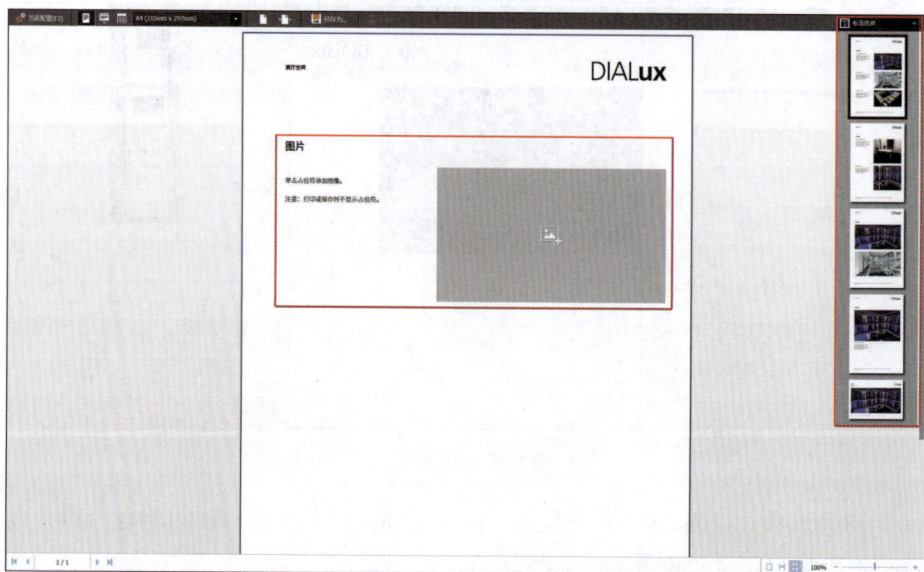

图 8-13　图片信息

（8）工作面选项：勾选"工作面"选项，右侧显示工作面选项包含所选择的灯光场景下所属建筑物楼层下的空间名称、工作面的名称及工作面所属的具体空间、所选工作面的灯具点位布置图以及计算得出的数值点、工作面计算得出的具体数值（含工作面的高度、空间照度的最大值与最小值）等（见图 8-14、图 8-15）。

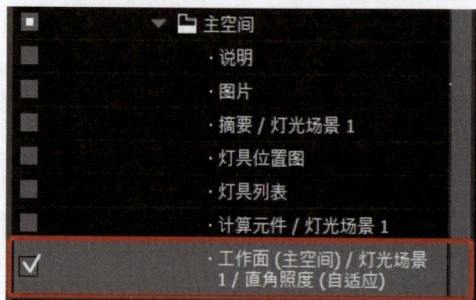

图 8-14　工作面

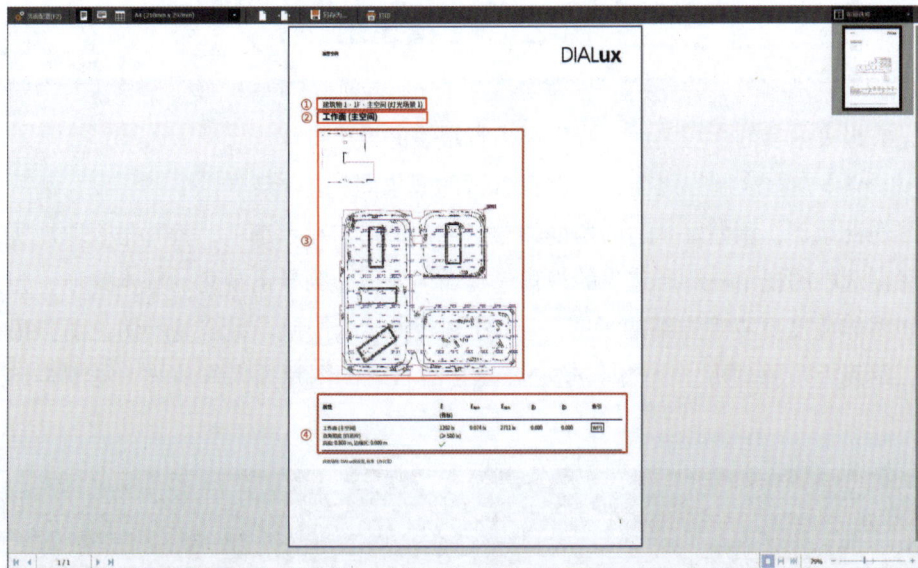

图 8-15　工作面信息

（9）页面配置选项：勾选"页面设置"选项，即可看到可编辑选项，以工作面选项的页面设置为例，页面设置包含平面图计算区域、信息结果、规划信息、位置、页首和页脚（见图 8-16），我们可根据个人需求进行相应的内容编辑。

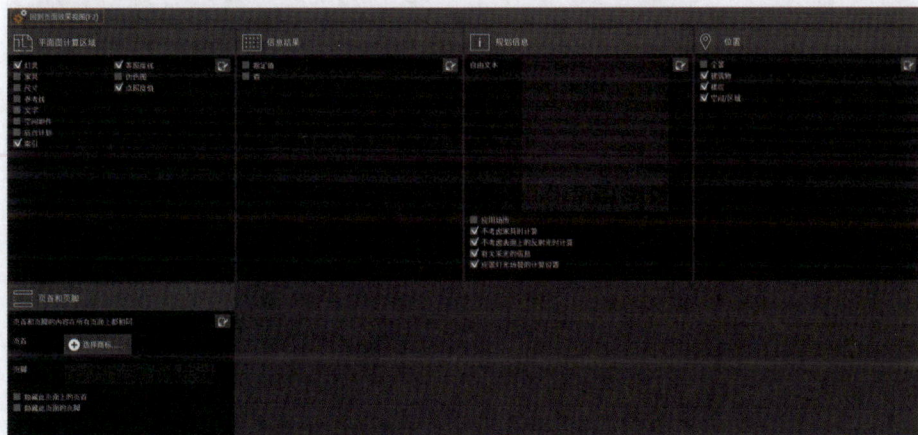

图 8-16　页面设置

（10）视图与页面大小选项：此项内容一般为默认设置（见图 8-17）。第一项为常用的报表视图，也是默认的视图，中间一项为简报视图，第三项为表格视图。除第一项外，另外两项均为专业版功能，需付费使用。页面大小一般为 A4，如有需要也可设置为 A3 或 A2 等。

图 8-17　视图与页面大小

8.2 报表导出

完成报表内容的学习之后，我们来进行报表的导出操作。

【Step1】在报表制作之前，先保存合适的效果图：选中菜单栏中"导出"选项—在透视图的视角下，调整好合适的角度，导好视角—单击显示选项，查看是否取消所有选项—保存选中的视角—对所选中的视角进行命名。以上为导出视角的基本操作，为方便对空间整体照度更直观详细的了解，可以选中 显示按钮，将"显示伪色图"按钮选中后，重复上步骤即可。"导出"这一步为后续报表的图片插入作铺垫（见图 8-18、图 8-19）。

图 8-18　效果图导出

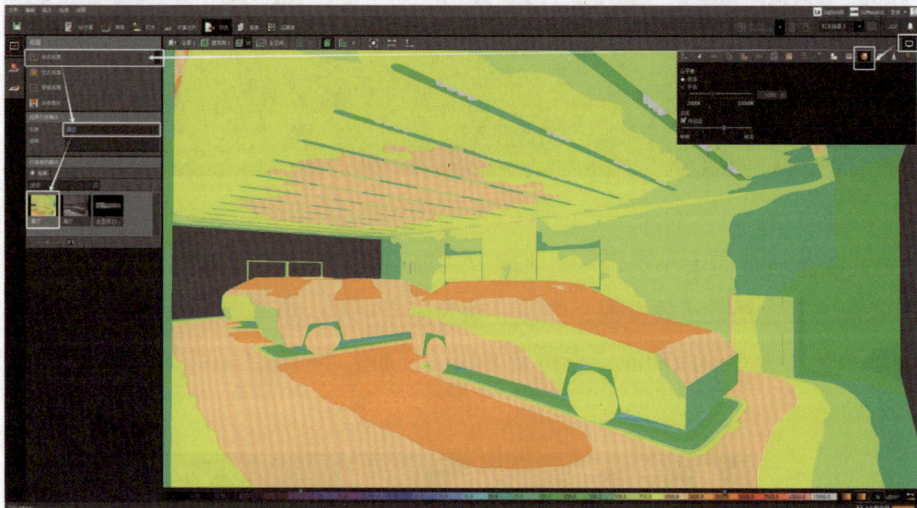

图 8-19　伪色图导出

【Step2】选中菜单栏中"报表"选项，单击"编辑"，进入编辑状态后，选择所需要的内容，选中所需的灯光场景（见图8-20）。

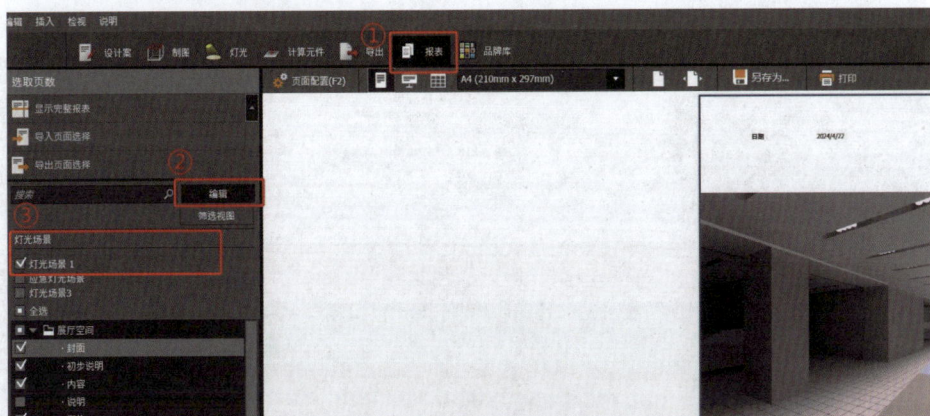

图8-20 报表的编辑

【Step3】选中所需的分项：封面、初步说明、内容、图片、各空间照度计算面，若项目大空间较多，只需选择所需空间的计算面即可（见图8-21）。

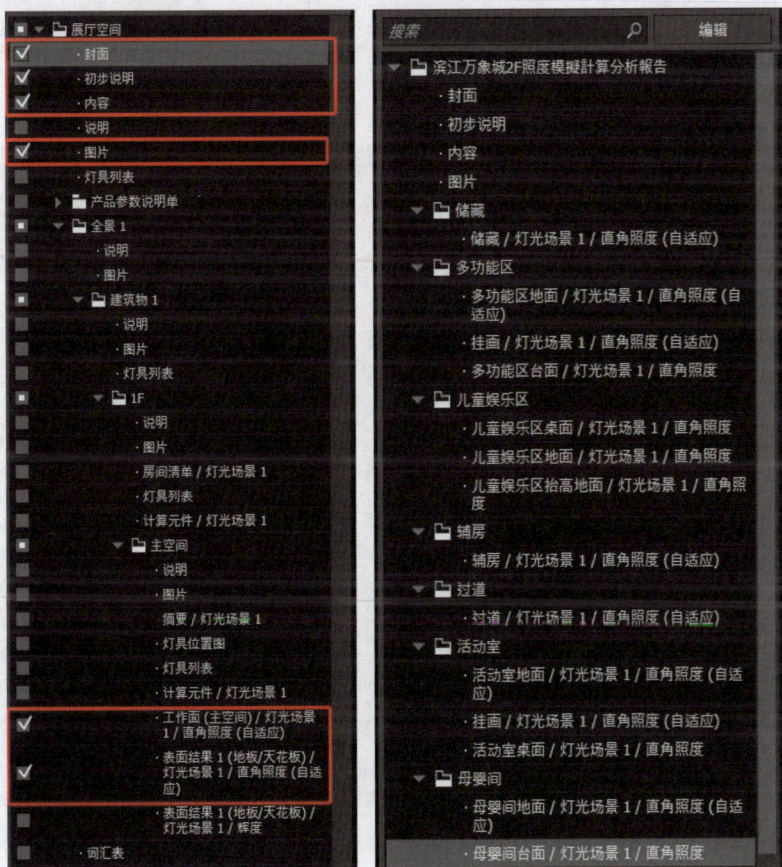

图8-21 报表的编辑（选择分项）

【Step4】选中"封面"分项，单击页面设置按钮，如需增加文字说明，则在文字内容项中添加文字，更改完成，单击回到"页面视图效果（F2）"。单击图片，选择合适的图片，单击替换当前图片，套用（见图 8-22 至图 8-25）。

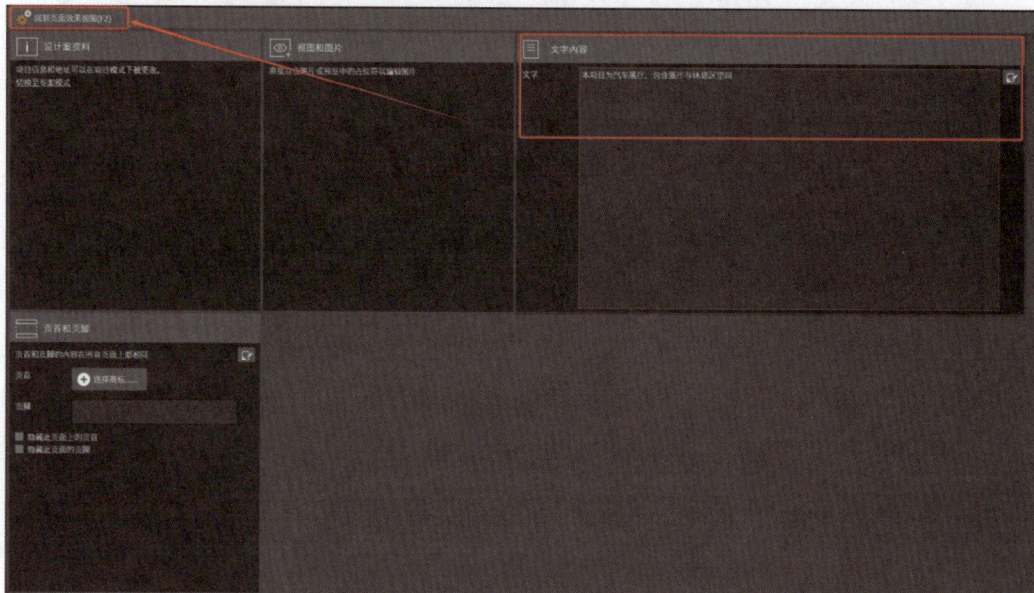

图 8-22　页面视图设置

图 8-23　封面图片设置（1）

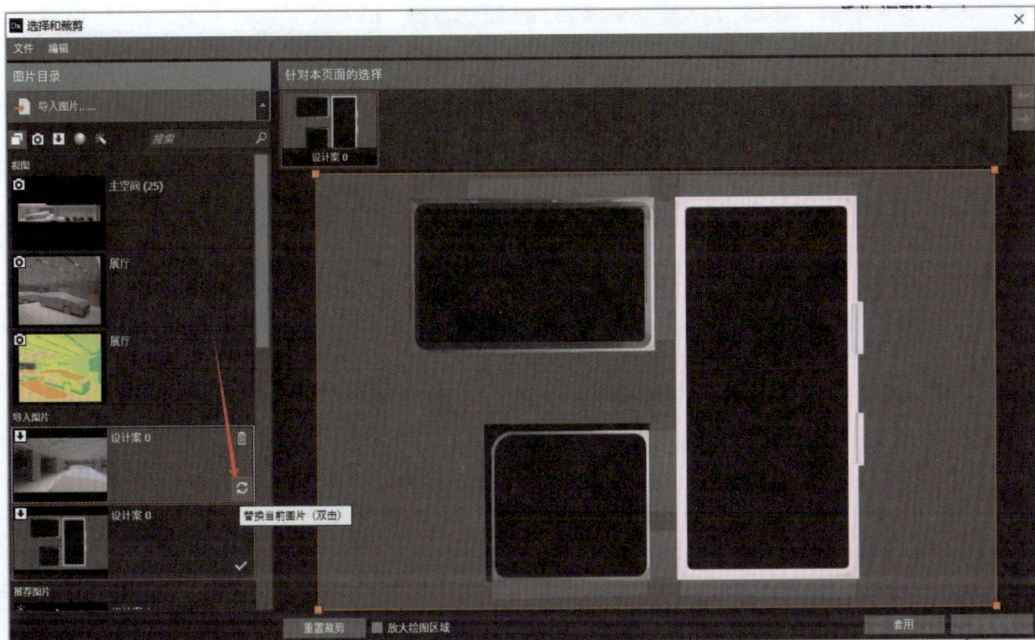

图 8-24　封面图片设置（2）

图 8-25　封面图片设置（3）

【Step5】选中"图片"分项，单击"布局设置"，选中第二项（选择适合的布局）；单击放置图片的位置，进入效果图添加与更改页面；选中需要的效果图，按住右下角的小"＋"，即选中需要的效果图；单击放大绘图区域，软件不会裁剪效果图；单击"套用"，最终显示的页面见图 8-26、图 8-27。

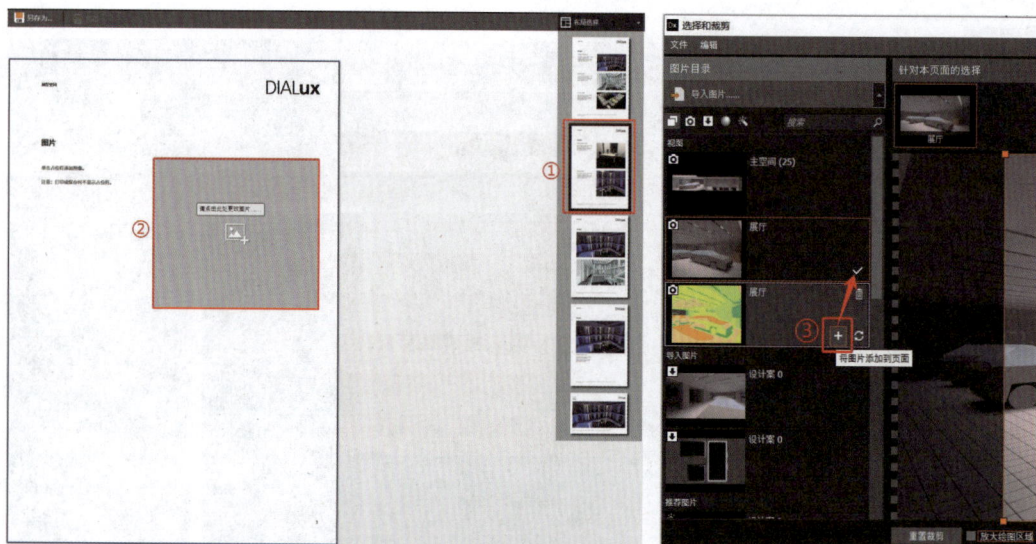

图 8-26　布局设置（1）

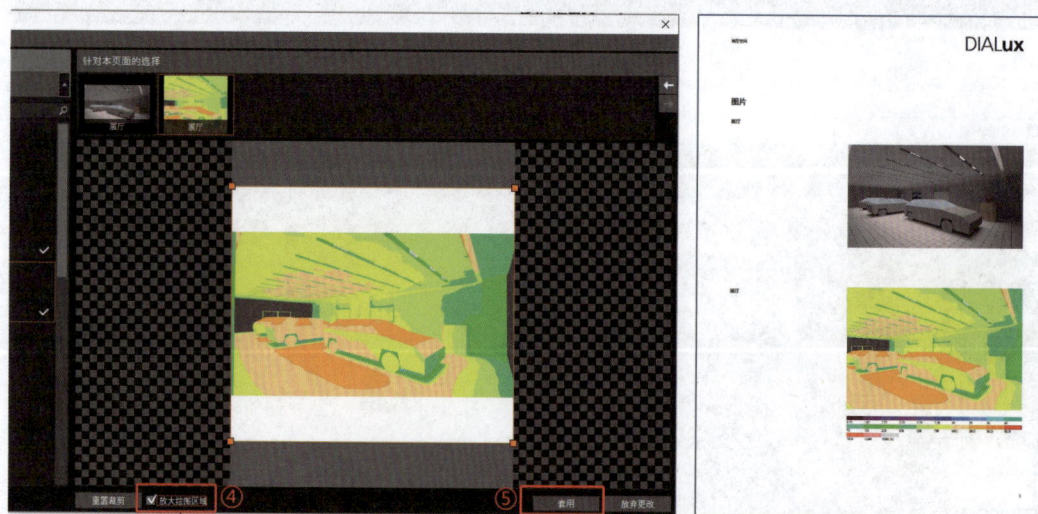

图 8-27　布局设置（2）

【Step6】选中"工作面"分项，单击页面配置F2，将信息结果中"额定值""查"取消勾选，规划信息中的"应用场所"取消勾选；单击右上角设置选项 ■，单击"套用到全部页面（报告）"；单击"标准适用于下一个项目（报告）"，则后续新建模型报表以此次设置为准（见图 8-28、图 8-29）。

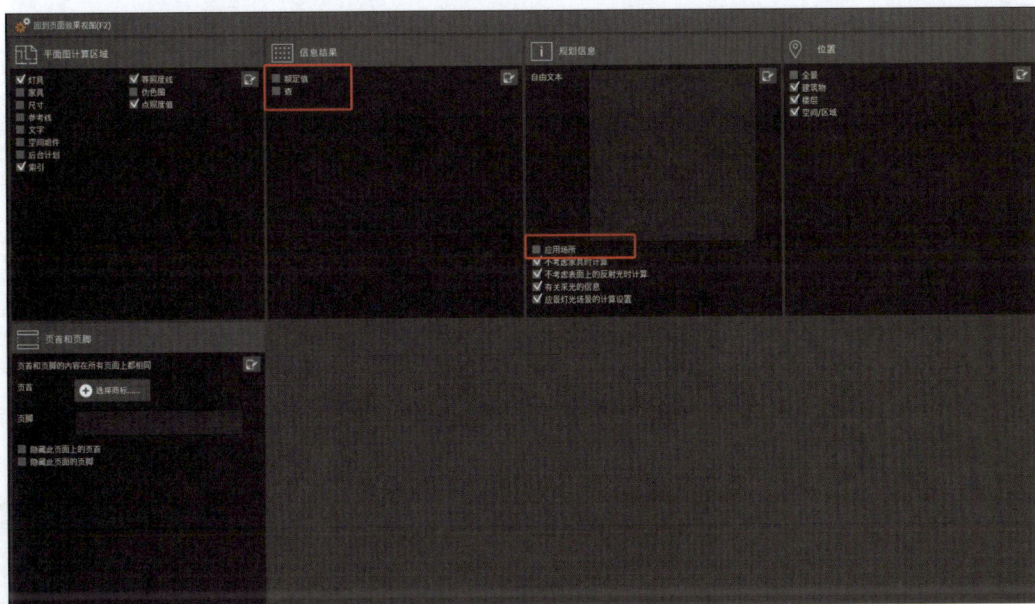

图 8-28　布局设置（1）

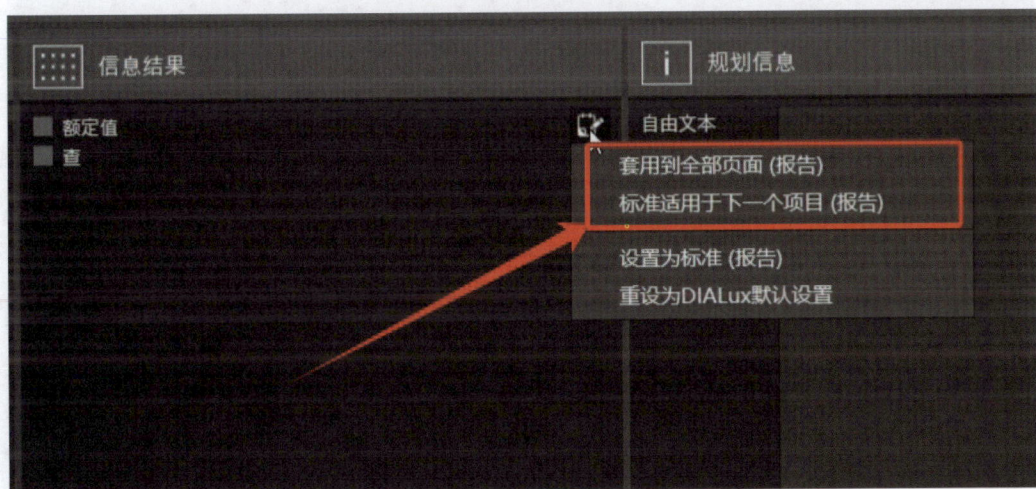

图 8-29　布局设置（2）

【Step7】单击"显示完整报表"，报表自动更新。检查报表所有页面是否有问题，如无疑问，单击"另存为PDF"（见图 8-30 至图 8-32）。

图 8-30　报表的设置及导出（1）

图 8-31　报表的设置及导出（2）

图 8-32　报表的设置及导出（3）

8.2 报表导出

CHAPTER 9

第9章

日光计算

学习目标

学生通过本章的学习，能够了解自然光对室内空间的重要性，熟练掌握日光的参数设置（包括不同季节、不同时段）。

教学要求

通过图文的详解，使学生逐步掌握自然光的相关知识点。同时，学生也可扫描二维码，观看教学视频，进一步加强对知识点的理解。

重点： 自然光的参数设置。

难点： 各个时节的参数设置。

9.1　了解自然光的重要意义

自然光源是指那些不依赖于人工技术，自然产生的光源。这些光源包括太阳光、极光、萤火虫发出的光、夜明珠等。此外，还有一些非持续性的自然光源，如闪电等。自然光源不仅包括热效应光源，如太阳和化学燃烧，还包括生物能光源，这是由生物体内的酶催化生物反应发出的光线。照明设计里的自然光通常指的是日光，它影响着我们的身心健康，因此室内空间的自然采光对我们的生活尤为重要。

（1）自然光可以保护视力。一天中太阳光的强度不停地在变换，早晚最弱，中午最强，在这个变换过程中，人眼也在不停地调节着睫状肌，从而带动晶状体正常工作，来适应光线的变换，这样人眼就不容易近视。现今电子产品泛滥，人在同一个亮度空间内过度用眼，眼睛得不到休息，久而久之会造成睫状肌的调节功能下降，晶状体不能正常工作，导致近视越来越幼龄化（见图9-1）。

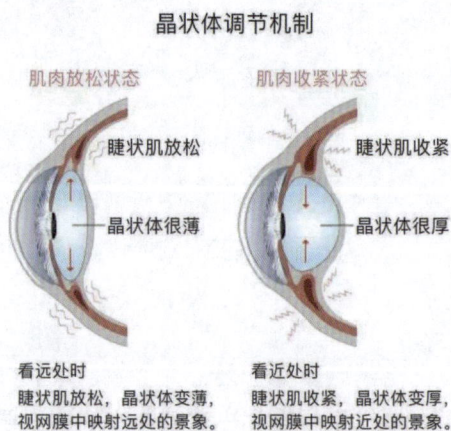

图 9-1　晶状体调节机制[1]

（2）自然光可以改善睡眠。如果阳光照射时间过短，夜间又长时间处于人造光源下，则会使人体内的褪黑素分泌减少，从而影响睡眠，久而久之不利健康（见图9-2）。

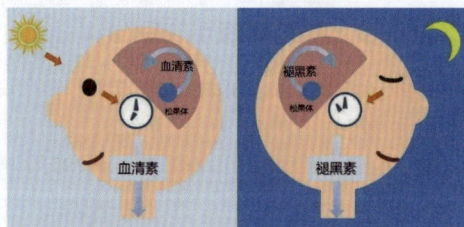

图 9-2　自然光对睡眠的影响[2]

---

[1]　www.sohu.com/a/303469689_100034899
[2]　https://a.d4t.cn/nZgdqr

（3）自然光可以帮助钙的吸收。随着年龄的增长，人体的钙会明显流失，这个时候如果单纯只补充钙而不吸收，其实是无法满足人体骨骼的需求的。充足的阳光可以促进维生素D在体内的合成，从而帮助我们身体吸收钙，所以多让身体接受阳光照射对骨骼是有好处的，尤其是老人和幼儿。

（4）充足的光线有助于人的身心健康。长期居住在照不到阳光的空间，例如地下室，人的心情容易低落，长此以往很可能会产生抑郁。还有一些疾病例如季节性情感障碍，也是因为光照不足导致生物钟紊乱而出现抑郁状况。可见日光对人的生理健康、心理健康的重要性了（见图9-3）。

图9-3 室内的采光[1]

那么在我们的设计中，如何考虑楼宇间的距离才能满足采光要求？如何设置开窗大小才能满足白天室内空间的照明需求？如何设计建筑的幕墙或开窗面积才能满足室内对光照的需求？对于这些问题，我们都可以使用DIALux evo进行日照模拟。在软件的辅助下，我们的设计方案才能完美落地（见图9-4至图9-7）。

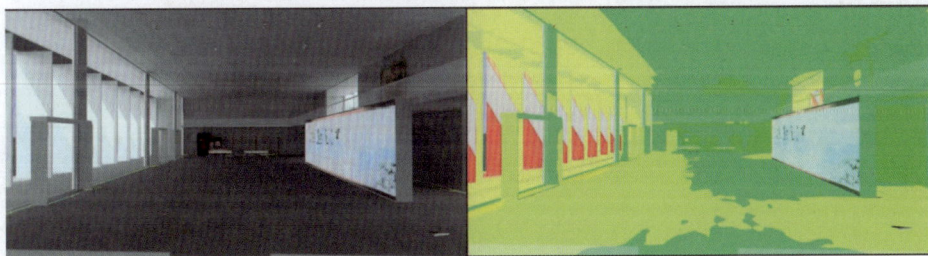

图9-4 自然采光春分照度模拟

---

[1] cloud.shinewonder.com/news/newsview0209.html

图 9-5　自然采光夏至照度模拟

图 9-6　自然采光秋分照度模拟

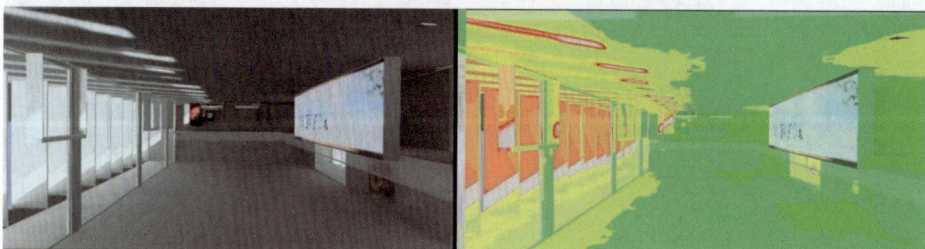

图 9-7　自然采光冬至照度模拟

9.2　日光计算的参数设置

接下来我们一起来学习一下日光计算的相关内容。在"制图"的状态下，选择"门窗"，我们可以看到一些门窗的放置形式、门窗的类型、尺寸的修改界面（见图9-8）。

图 9-8　门窗界面

单击门窗类型的"选择"，我们可以看到各种类型的门窗：圆形窗、天窗、带气窗的三翼窗、带气窗的矩形窗、带格柱的矩形窗、拱窗、标准窗户、标准门等，按照我们设计场景需求可以选用合适的门窗（见图9-9）。

图 9-9　门窗的类型

备注：放置门窗、添加门窗、替换所有门窗的如何使用。

在选中某个类型的门窗后，单击"放置门窗"，再单击模型中你需要放置的位置，即可自动生成门窗；而"添加门窗"则需要在模型中绘制门窗的长度后才可生成门窗；在我们需要修改模型中的窗户类型时，可以使用"替换所有门窗"，即可更换模型中的所有原有门窗。

接下来通过一个小案例来演示下日光计算：

【Step1】打开 DIALux evo 软件，选择"室内设计"，建立一个简易的空间，修改空间尺寸为长 8m、宽 5m、高 3.5m，单击"OK"（见图 9-10）。

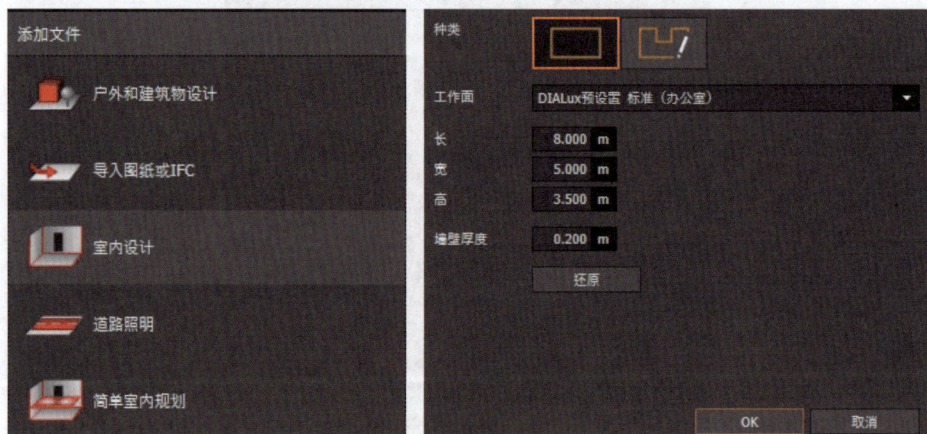

图 9-10　建立简易空间

【Step2】接下来我们对空间进行落地窗的设置，在"制图"的状态下，选择"门窗"，选择"带隔柱的矩形窗"（见图 9-11）。

图 9-11　选择窗户类型

【Step3】将窗户直接拖入模型中，并修改窗户尺寸（见图 9-12）。

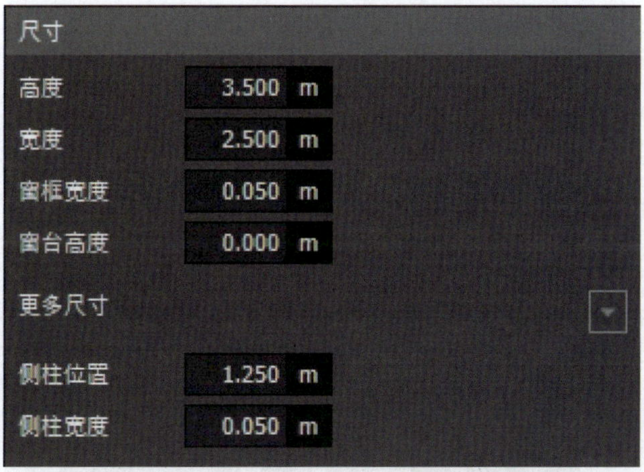

图9-12　窗户尺寸修改

【Step4】通过移动工具，在平面图上调整窗户的位置（见图9-13）。

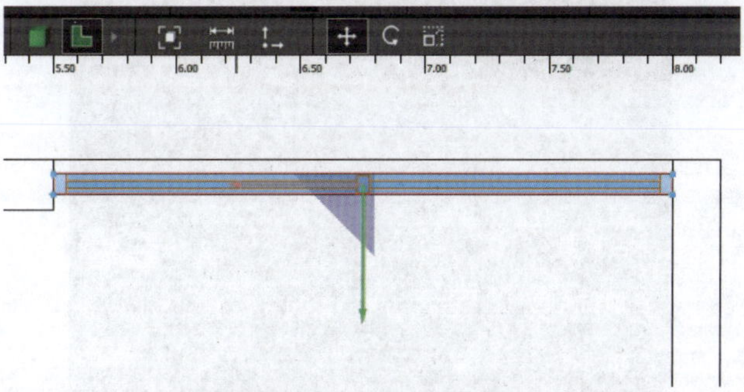

图9-13　调整窗户位置

【Step5】进入楼层，通过复制粘贴，我们可以原位增加窗户，再通过移动工具，在平面图上调整窗户的位置，从而将整面墙的落地窗设置完成（见图9-14）。

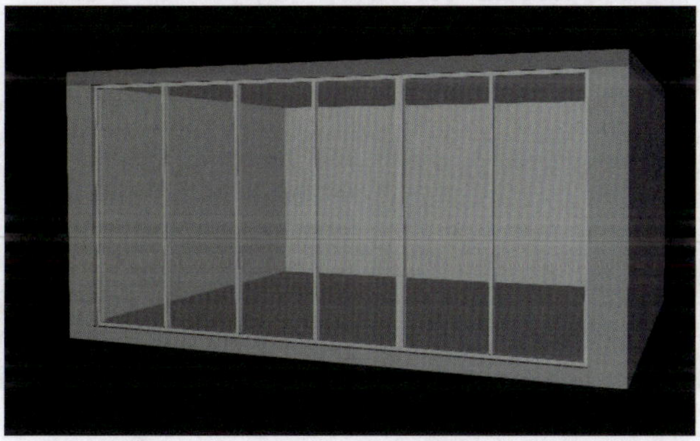

图9-14　窗户设置

【Step6】在"灯光"的状态下，单击"灯光场景"，选择"天空种类"，可以选择晴天、晴有云、阴天（见图9-15）。

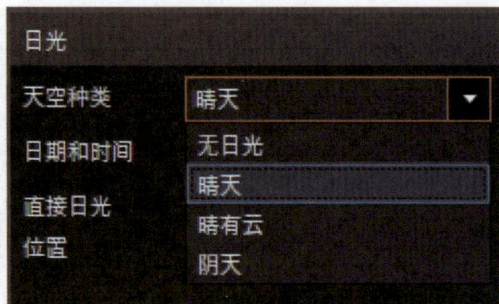

图 9-15　日光参数设置（1）

【Step7】设置日期和时间，例如春分 3 月 20 日的正午 12：00（见图 9-16）。

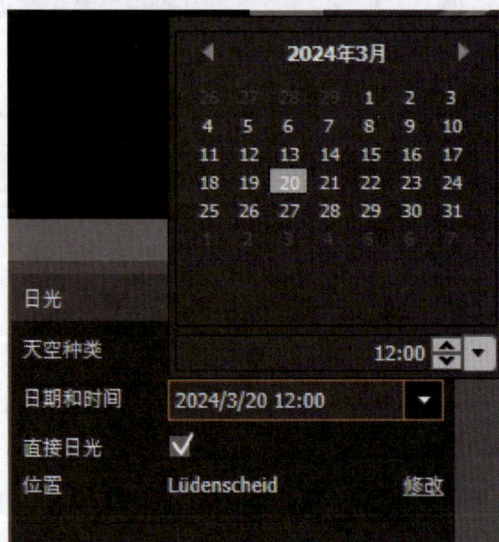

图 9-16　日光参数设置（2）

【Step8】修改位置为"Beijing"、时区为"北京"（见图 9-17）。

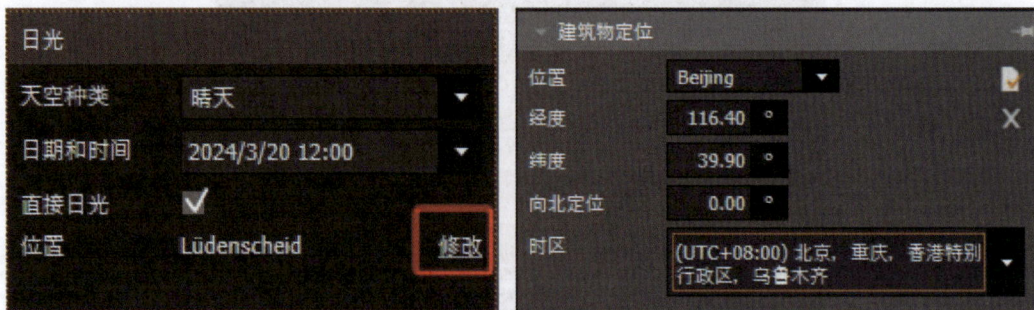

图 9-17　日光参数设置（3）

【Step9】单击"开始计算"，即可得到当时环境下的照度计算结果（见图 9-18）。

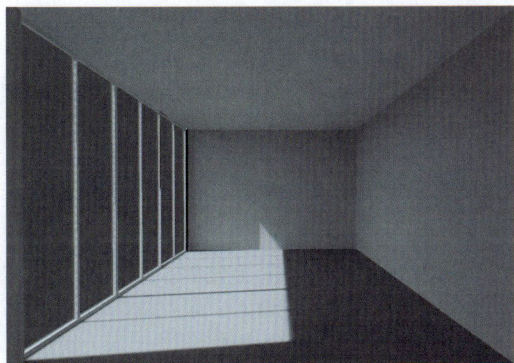
（a）

（b）

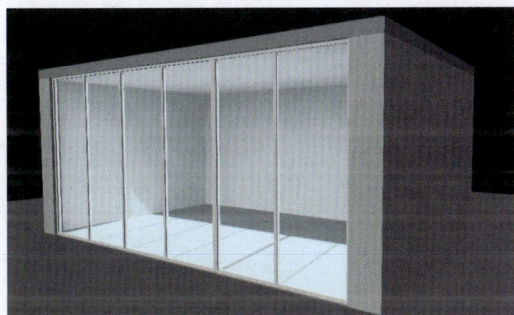
（c）

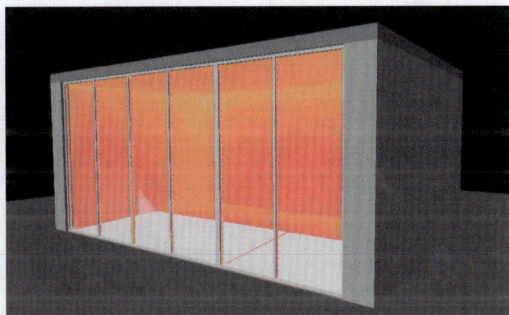
（d）

图 9-18 日光渲染图

9.2 日光计算的
参数计算

CHAPTER 10

道路照度计算制作

学习目标

学生通过本章节的学习，了解道路照明在城市基础设施中的重要性。理解不同类型道路的照明需求以及相应的照度标准。掌握道路照度计算的基本步骤及方法，在DIALux evo中进行道路的照度测算。

教学要求

通过图文的详解，让学生循序渐进地掌握建模知识点。同时，学生也可扫描二维码，观看教学视频，进一步加强对知识点的理解。

重点： 理解道路照明的重要性、了解不同类型道路的照明需求，熟悉国家照明标准，掌握道路照度计算软件的使用。

难点： 理解不同类型道路的特点和照明需求，掌握照度标准，综合考虑城市规划因素。

10.1　城市道路照明设计标准的解读

道路照明是城市基础设施中至关重要的一部分，它不仅关系到夜间行车的安全，也影响着城市的美观和居民的生活质量。良好的道路照明系统能够减少交通事故，提高驾驶舒适性，增强公众的安全感。道路照明可分为机动车道照明、道路交会区照明、人行道照明以及其他交通照明等。

1. 机动车道照明

机动车道照明的设计必须根据道路的分类和交通功能来确定。快速路、主干路、次干路和支路等不同类型道路具有不同的交通密度、行驶速度和交通重要性，因此对照明的需求也有所区别。

（1）快速路：这类道路为高速且连续的交通流量设计，通常不设交叉口。因此，快速路对照度的要求非常严格，需要高水平的照明以确保驾驶安全。照度标准通常设置较高，以适应高速行驶时对视觉清晰度和视线距离的需求（见图 10-1）。

图 10-1　快速路[①]

（2）主干路：主干路承载较大的交通流量，连接城市的主要区域。这些道路的照明设计需提供足够的照度以确保车辆、行人和非机动车的安全。照明需求侧重于均匀性和避免眩光，确保道路使用者在夜间行驶和过街时的安全（见图 10-2）。

---

① 　https://huaban.com/pins/5248761265

图 10-2　主干路[1]

（3）次干路：次干路主要用于分散从主干路流入的交通至地方路网。虽然交通流量相比主干路有所减少，但照明标准仍需确保足够的照度，以支持车辆和行人的安全。次干路的照明设计既要确保功能性，也要考虑到与周边环境的和谐（见图 10-3）。

图 10-3　次干路[2]

---

[1]　https://sn.ifeng.com/c/88cXxfrtOY6
[2]　https://www.sohu.com/a/514363472_121123863

（4）支路：支路主要服务于住宅区或小型商业区，通常交通流量较小，车速较低。对这类道路的照明设计更注重避免光污染和过度照明，同时确保行驶和行走的安全。照度标准相对较低，但路面光照也需要满足国家标准，以满足基本的安全需求（见图10-4）。

图 10-4　支路[①]

道路类型与城市交通容量、发展规模以及整体城市规划密切相关。城市的道路网络是城市基础设施的核心部分，直接影响城市的运行效率和居民的生活质量。以下是道路类型与城市容量和规划之间的关系。

（1）交通容量和流量：道路的设计和分类需要考虑到城市的交通需求和流量。例如，大型都市区由于人口密集和商业活动频繁，需要设有足够的快速路和主干路以支持高速和大量的交通流。相反，小型或低密度城市可能主要依靠次干路和支路，交通需求相对较低。

（2）城市规模和发展：城市的规模和发展水平也是决定道路类型和照明标准的重要因素。大城市或快速发展的城市区域可能需要更多的快速路和主干路以支持商业和居民的快速通勤需求，而这些路段的照明设计要求更为复杂。

（3）城市规划和布局：城市规划决定了道路网络的布局。规划者需要考虑未来发展，包括城市扩展和交通增长，来决定哪里需要建设新的快速路或扩建现有主干路。道路和照明的规划通常需要与城市的长远目标和策略保持一致，以确保实现可持续的发展。

（4）经济和环境因素：经济因素也会影响道路类型的确定和相关照明标准。经济强劲的城市可能有更多的资源来投资高标准的道路和先进的照明系统，这可以提升城市的吸引力和竞争力。同时，环境保护和可持续发展的考虑也会影响道路和照明设计，尤其是在试图减少能源消耗和光污染的城市中。

不同类型的道路和不同的区域对照度的需求有所差异，因此制定合适的照度标准是

---

① https://cj.sina.com.cn/articles/view/1895096900/70f4e24402001c396

提高道路使用安全、保障行人及驾驶者视觉舒适度的重要步骤。

那么，不同类型的道路照明标准是什么呢？在《城市道路照明设计标准》中有着明确的要求（见表 10-1）。

表 10-1　机动车道路照明标准值[1]

级别	道路类型	路面亮度			路面照度		眩光限制阈值增量 TI（%）最大初始值	环境比 SR 最小值
		平均亮度 L_{av}（cd/m^2）维持值	总均匀度 U_o 最小值	纵向均匀度 U_L 最小值	平均照度 $E_{h,ar}$（lx）维持值	均匀度 U_E 最小值		
I	快速路、主干路	1.50/2.00	0.4	0.7	20/30	0.4	10	0.5
II	次干路	1.00/1.50	0.4	0.5	15/20	0.4	10	0.5
III	支路	0.50/0.75	0.4	——	8/10	0.3	15	——

2. 交会区照明

交会区是不同交通流相遇的区域，包括但不限于交叉路口、T 形路口、环形交叉路口、人行横道、高速公路出入口等。通常交会区照度标准可以分为以下几类：主干路与主干路交会、主干路与次干路交会、主干路与支路交会、次干路与次干路交会、次干路与支路交会、支路与支路交会。

（1）主干路与主干路交会：这类交会区通常面临高速和大流量的车辆，要求照明系统能提供极高的可见性和安全性。照明设计需要确保光源强度和覆盖范围能够适应高速驾驶的需求，同时减少眩光以防止驾驶员视线受到干扰。高照度有助于提升夜间驾驶的反应速度和减少事故风险（见图 10-5）。

图 10-5　主干路与主干路交会[2]

---

[1]　引自《城市道路照明设计标准》（CJJ 45—2015）
[2]　https://www.icswb.com/h/100039/20191001/623367_m.html

（2）主干路与次干路交会：这类交会区结合了主干路的高流量和次干路的较低流量特点，因此，照明需求集中在确保高照度的同时，采取措施防止从次干路进入主干路的车辆因突然变化的光环境感到不适。均匀的照度分布和良好的眩光控制尤为重要，以确保所有方向的交通均可安全、顺畅（见图10-6）。

图10-6　主干路与次干路交会[①]

（3）主干路与支路交会：虽然支路的车速和流量可能低于主干路，照明需求集中在确保从支路驶入主干路的交通能够安全进行。照度虽然与主干路交会类似，但光源配置和光束角度需更精细，以适应车速较慢且车流量较小的特点。照明设计应考虑较低的车速，确保光照不仅足够让驾驶者识别主干路上的快速车辆，也要考虑到行人的安全（见图10-7）。

图10-7　主干路与支路交会[②]

① https://www.sznews.com/news/content/2021-02/09/content_23965921.htm
② https://cj.sina.com.cn/articles/view/1667821284/6368eee401901bwfq

（4）次干路与次干路交会：这类交会区承载着中等程度的车流和速度，照明需求集中在提供足够的可见性和安全性，同时不必达到高速路段的照度水平。设计需要确保照度均匀，避免视觉上的死角或高对比度阴影，这有助于驾驶者和行人在夜间安全地通过或转向（见图 10-8）。

图 10-8　次干路与次干路交会[①]

（5）次干路与支路交会：这类交会区要考虑到支路通常流量较低、车速慢，照明需求集中在从支路到次干路的视线转换，保证车辆和行人的安全。此外，也要注意减少对周边环境的影响，尤其是在住宅区附近的支路（见图 10-9）。

图 10-9　次干路与支路交会[②]

[①]　https://bj.bjd.com.cn/5b165687a010550e5ddc0e6a/contentShare/5e719732e4b05e1038541c55/

[②]　https://baijiahao.baidu.com/s?id=1720680413756733041&wfr=spider&for=pc

（6）支路与支路交会：这类交会区通常位于住宅或小型商业区的道路上，考虑到周围环境的影响，照明需求集中在减少光污染的同时，提供足够的视觉支持以保障低速行驶和行人活动的安全（见图 10-10）。

图 10-10　支路与支路交会[①]

那么，不同交会区类型的照度标准是什么呢？在《城市道路照明设计标准》中有着明确的要求（见表 10-2）。

表 10-2　交会区照明标准值[②]

交会区类型	路面平均照度 E_{av}（lx），维持值	照度均匀度 U_E	眩光限制
主干路与主干路交会	30/50	0.5	在驾驶员观看灯具的方位角上，灯具在 80°和 90°高度角方向上的光强分别不得超过 30cd/1000lm 和 10cd/1000lm
主干路与次干路交会			
主干路与支路交会			
次干路与次干路交会	20/30		
次干路与支路交会			
支路与支路交会	15/20		

3. 人行道照明

人行道照明指安装在人行道上或其周围的照明设施，目的是在夜间或光照不足的条件下提供必要的视觉环境。人行道照度标准可以分为以下几类：第一类别、第二类别、第三类别、第四类别。

（1）第一类别：该类别为城市的活动热点，适用环境通常为商业步行街、市中心或

---

① 　https://baijiahao.baidu.com/s?id=1720680413756733041&wfr=spider&for=pc
② 　引自《城市道路照明设计标准》（CJJ 45—2015）

商业区人行流量高的道路、机动车与行人混合使用、与城市机动车道路连接的居住区出入道路。这些道路需要高照度和高质量的照明来支持连续的商业活动和行人安全。不仅要保证足够的光强，还要特别注意光的均匀分布和眩光控制，以避免视觉不适和潜在的安全风险。在这种多功能和高密度使用的区域，适当的照明还可以增强夜间环境的舒适度、提升区域吸引力（见图 10-11）。

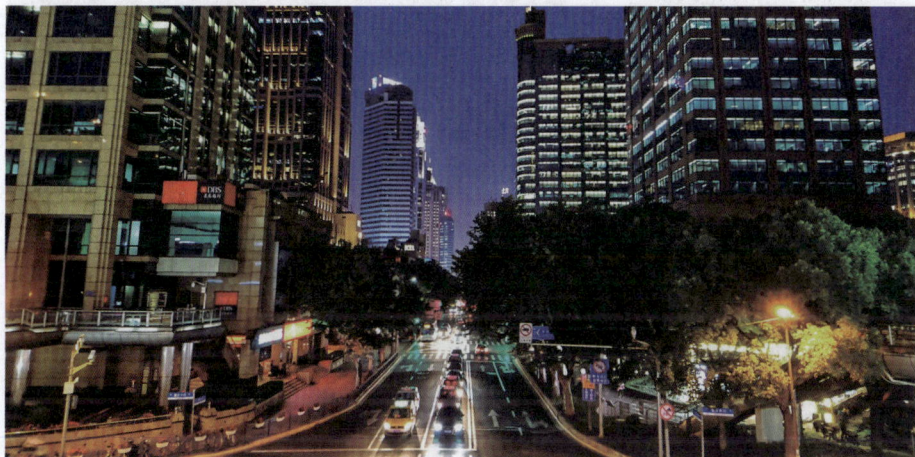

图 10-11　第一类别[1]

（2）第二类别：该类别为流量较高的道路，适用环境通常为次级商业区、高居民密度区域。这些道路虽然不处于最繁忙的市中心，但仍承担较高的行人流量，因此照明需求集中在提供足够的光强来保障行人的安全，同时也要考虑到成本效益和能效。设计时需确保照明均匀，避免形成亮暗不一的区域，减少夜间行走的风险，同时控制眩光，确保舒适的行走体验（见图 10-12）。

图 10-12　第二类别[2]

---

[1]　https://www.zcool.com.cn/work/ZNDE5MDMxODA=.html?

[2]　https://www.mingliang888.com/articles/sybxjl3207.html

（3）第三类别：该类别为流量中等的道路，适用环境通常为城市居住区道路。这些道路行人流量适中，不需要过度照明，平均照度较低，但仍需确保关键区域如人行横道和路口有足够的照明。设计重点在于优化成本和能效，同时保持足够的光照质量，以支持安全通行，特别是在夜间和低光照条件下（见图 10-13）。

图 10-13　第三类别[①]

（4）第四类别：该类别为流量较低的道路，适用环境通常为住宅的内部道路或较少行人流动的区域。这些道路行人流量较少，主要关注于提供必要的光照以保障行人和非机动车的基本安全，同时强调节能和减少光污染。照明强度相对较低，但设计应保证没有安全盲点，考虑到环境和居住舒适性，灯具的选择和光源配置需要尽量减少对周围居民的干扰，例如采用定向光源和遮光器，确保光仅照亮必要的区域（见图 10-14）。

图 10-14　第四类别[②]

[①]　https://www.paixin.com/obtainedPhoto/17889887
[②]　https://www.vcg.com/creative/1251397947

那么，不同类型的道路照明标准是什么呢？在《城市道路照明设计标准》中有着明确的要求（见表 10-3）。

表 10-3　人行及非机动车道照明标准[1]

级别	道路类型	路面平均照度 $E_{h\,av}$(lx) 维持值	路面最小照度 $E_{h.\,min}$(lx) 维持值	最小垂直照度 $E_{v.\,min}$(lx) 维持值	最小半柱面照度 $E_{sc.\,min}$(lx) 维持值
1	商业步行街：市中心或商业区人行流量高的道路；机动车与行人混合使用、与城市机动车道路连接的居住区出入道路	15	3	5	3
2	流量较高的道路	10	2	3	2
3	流量中等的道路	7.5	1.5	2.5	1.5
4	流量较低的道路	5	1	1.5	1

4. 其他交通照明

其他交通照明涵盖了在道路和与之相关的设施（如隧道照明、桥梁照明、人行天桥照明、公交站台照明等）上安装的各种照明系统，旨在提高夜间行车和行人活动的安全性和便利性。

隧道照明：指安装在道路隧道内部的照明系统，旨在提供足够的光照，以确保驾驶员在穿越隧道时有良好的能见度和舒适的驾驶体验。隧道照明系统通常采用高亮度、高效率的灯具。这些灯具安装在隧道的顶部或侧壁，以确保整个隧道内都有足够的照明（见图 10-15、图 10-16）。

图 10-15　隧道（1）[2]

---

[1]　引自《城市道路照明设计标准》（CJJ 45—2015）
[2]　https://www.co188.com/tag/forum/10297.html

图 10-16　隧道（2）①

　　桥梁照明：安装在桥梁结构上的照明系统，旨在提高桥梁在夜间的可见性和安全性。桥梁通常位于道路、铁路或河流上，具有一定的高度和跨度，因此在夜间缺乏足够的光照。桥梁照明的设计目的是在夜间和恶劣天气条件下提供足够的照明，使驾驶员能够清晰地看到桥梁的结构和道路，从而增加行车的安全性。这些灯具安装在桥梁的结构上，以适当的间距和角度照亮桥面和桥梁的侧面，确保整个桥梁在夜间具有均匀的照明（见图 10-17、图 10-18）。

图 10-17　桥梁隧道②

---

① 　https://www.vcg.com/creative/1410496467.html
② 　https://www.mingliang888.com/articles/qldglh1394.html

图 10-18　桥梁[1]

　　人行天桥照明：安装在天桥上的照明系统，用于提供行人过天桥的照明。通常用于道路上跨越交叉口或主干道的地方，为行人提供安全的通行通道。设计目的是在夜间和恶劣天气条件下提供足够的照明，使行人能够清晰地看到天桥和周围的环境，从而增加过街行人的安全性（见图 10-19、图 10-20）。

图 10-19　人行天桥（1）[2]

---

① https://www.mingliang888.com/articles/qldglh1394.html
② https://algonquinbridge.com/products/prefabricated-bridge-design-ideas-gallery/

图 10-20 人行天桥（2）①

公交站台照明：安装在公交车站台上的照明系统，旨在为夜间等候公交车的乘客提供必要的照明，以确保他们能够清晰地看到站台和周围环境，提高安全性和舒适性。通常采用低功率、高亮度的LED灯或荧光灯，安装在站台的顶部或侧面，能够照亮整个站台。有效的照明设计可以提高乘客在夜间等候公交车时的感知和认知，减少事故的发生，同时也可以增强公交站台的整体形象和吸引力（见图 10-21、图 10-22）。

图 10-21 公交站台②

---

① https://algonquinbridge.com/products/prefabricated-bridge-design-ideas-gallery/
② https://www.vcg.com/creative/1321034260.html

图 10-22　公交站台[1]

① https://www.sohu.com/a/252487656_461531

10.2 道路照度计算演示

在DIALux evo中进行道路照度测算的第一步是生成相对应的街道属性，再添加IES文件，最后计算照度结果。在进行道路测算前，我们首先要熟悉下道路测算的操作界面。

1. 界面布置

DIALux evo道路模拟软件界面主要包含菜单栏、视图栏、工具栏、功能栏、操作窗口、显示选项以及照度结果（见图10-23）。

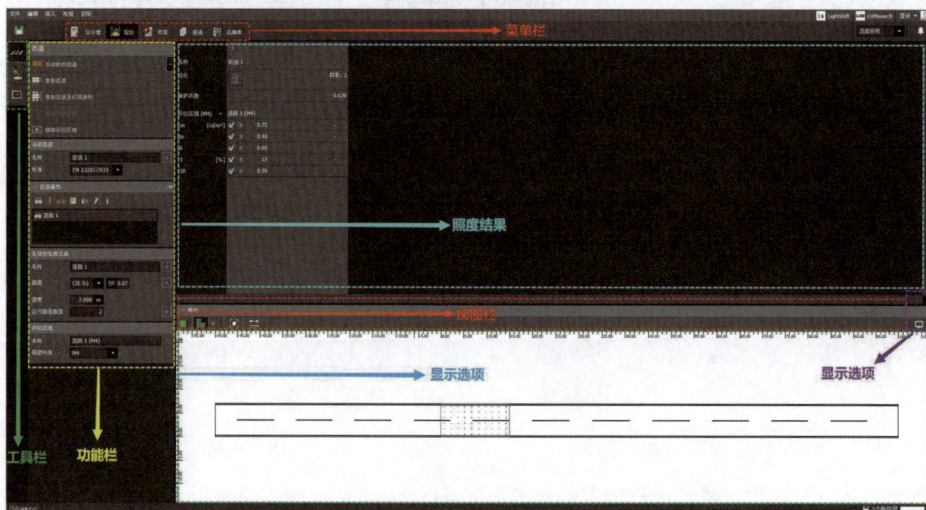

图 10-23　DIALux evo道路模拟软件界面

顶部第一排【菜单栏】包括设计案、规划、结果、报表、品牌库等；

中部第一排【视图栏】包括3D图、平面图、正视图、右视图、后视图、左视图、放大至整个场景、卷尺等；

左侧第一列【工具栏】包括街道、灯具选择、视图等；

左侧第二列【功能栏】为工具栏内功能键展开后的细节操作及参数设置；

右侧上方视口【照度结果】为道路照明设计中常见的参数、计量单位及指标；

右侧下方视口【操作窗口】为操作空间，所有操作的内容均呈现于此；

右中角【显示选项】包括显示格栅图、显示图形结果、显示配光曲线、显示LEO设定、显示空间名称、显示白天或黑夜等。

2. 规划菜单

规划是道路照明中最常使用的菜单，利用它可以进行街道的生产、灯具的摆放以及视图的保存（见图10-24）。

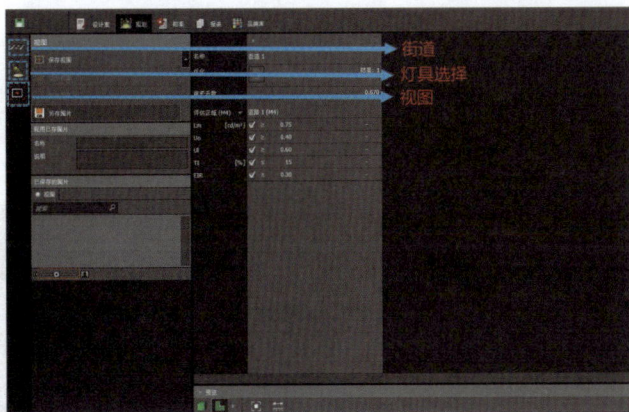

图 10-24　规划菜单

提示：

街道通常都按照"EN 13201:2015"的照明设计标准来设置。路面通常都按照"CIE R3"的标准要求，照明的种类标准可以根据具体的道路设计需求进行调整。

3. 灯光菜单

添加灯具排列、替换灯具、将灯具作为变量添加、优化所有变量、修改灯光的参数、调整灯具的发光方式等（见图 10-25）。

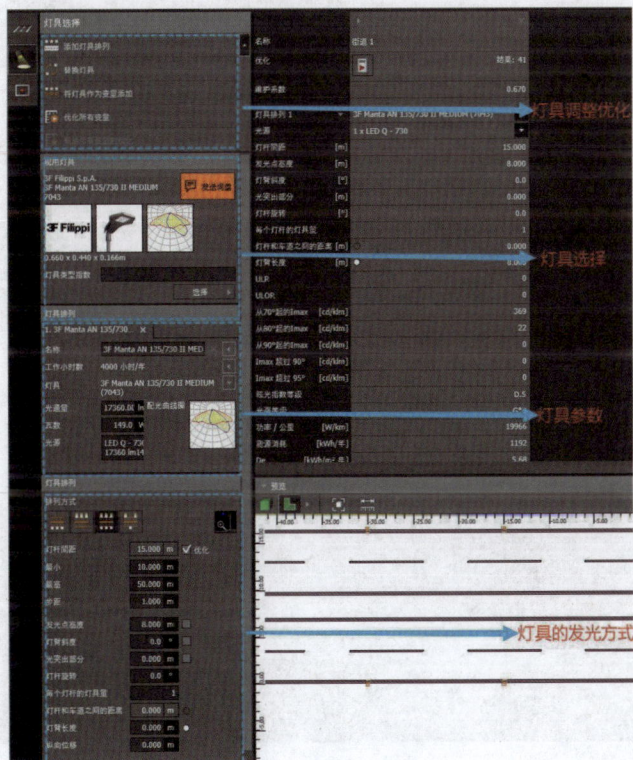

图 10-25　灯光菜单

接下来我们通过具体的案例演示来学习道路照明计算：

【Step1】首先我们要对道路进行分析，主干路通常由机动车道、中央隔离带、非机动车道、人行道、绿化带等组成。

【Step2】打开DIALux evo软件，单击"道路照明"（见图10-26）。

图 10-26　软件界面

【Step3】将街道名称命名为"主干路"；在道路属性一栏，增加"道路"及"分隔岛"；修改道路宽度为10.5m，运行路径数量为3；修改照明种类改为M2；将分隔岛命名为"中央隔离带"，修改宽度为2m（见图10-27、图10-28）。

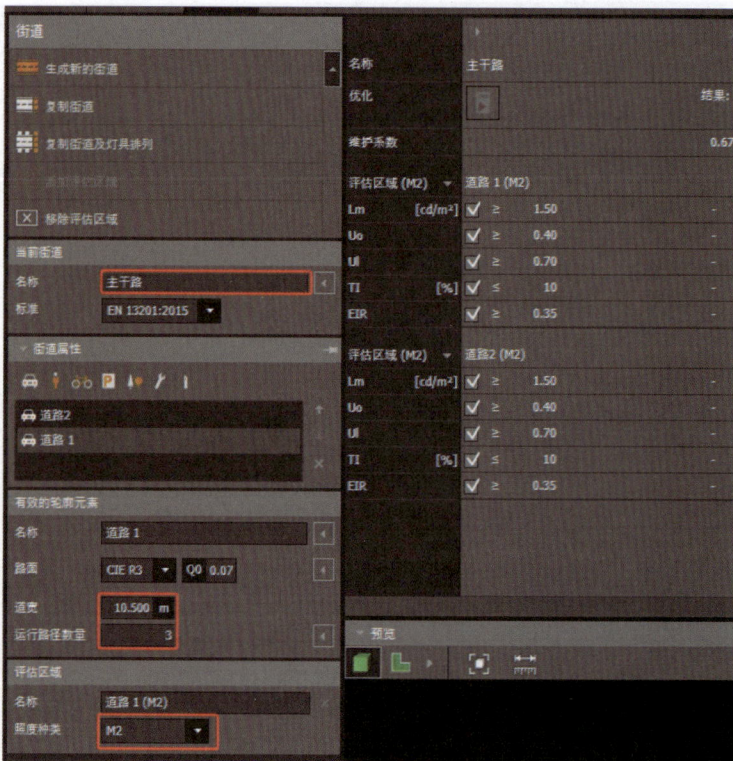

图 10-27　添加道路属性

图 10-28　添加道路属性

【Step4】在道路属性一栏，增加"草皮"及"单车道"；将草皮命名为"绿化带"，修改宽度为 1m；将单车道命名为"自行车道"；修改照明种类改为 P1（见图 10-29、图 10-30）。

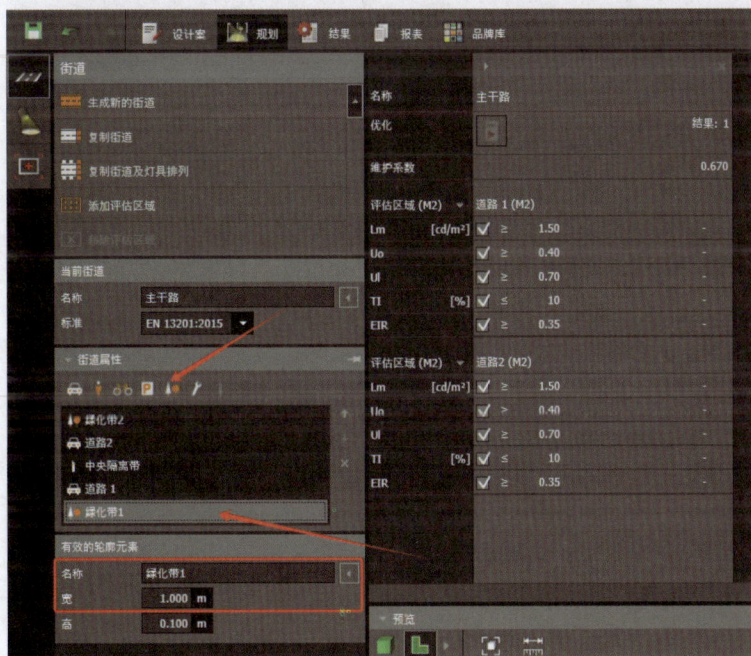

图 10-29　添加道路属性

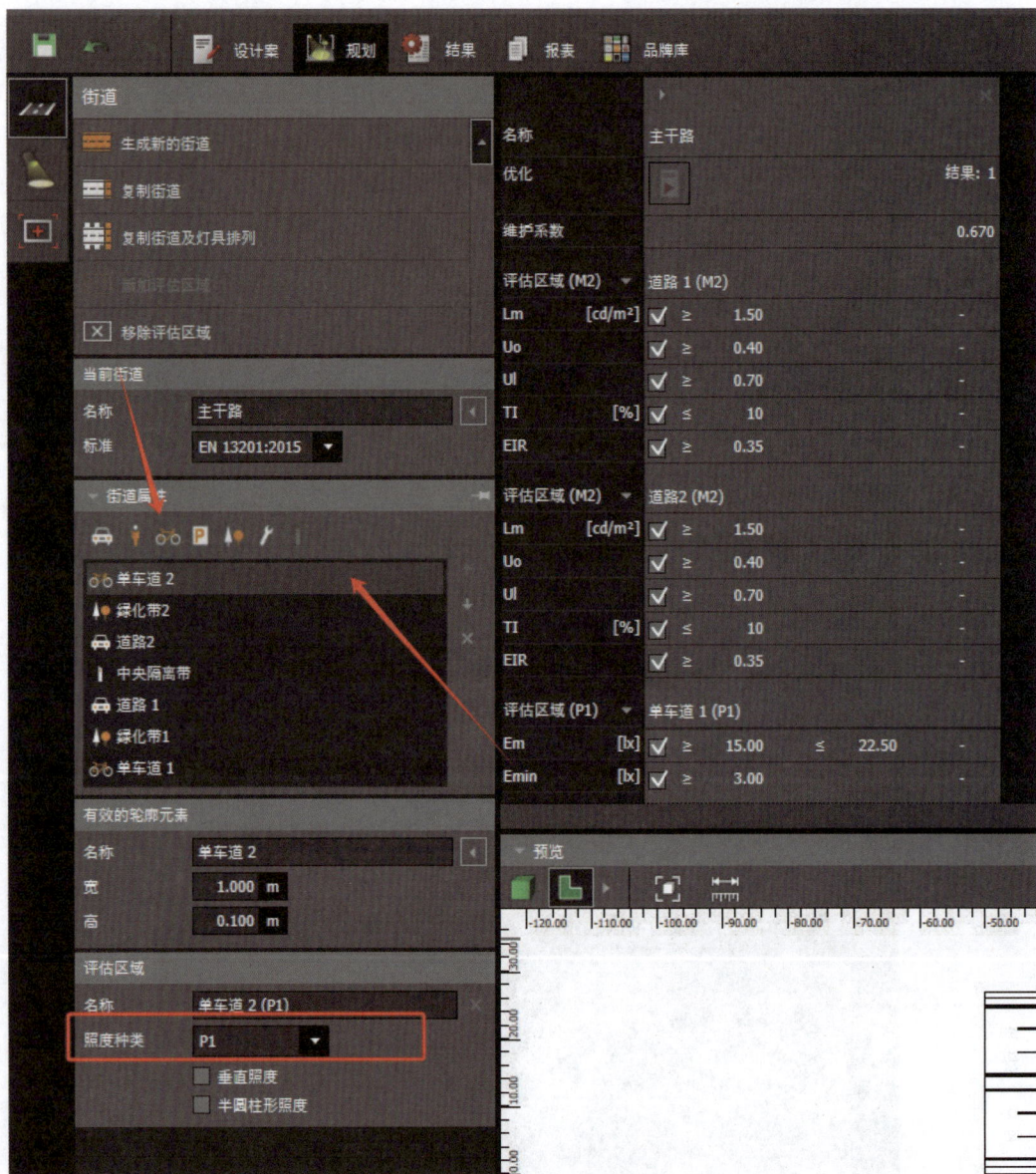

图 10-30　添加道路属性

【Step5】在道路属性一栏，增加"人行道"；修改宽度为 3m；修改照明种类为 P2（见图 10-31）。至此，路面的模型创建完成。

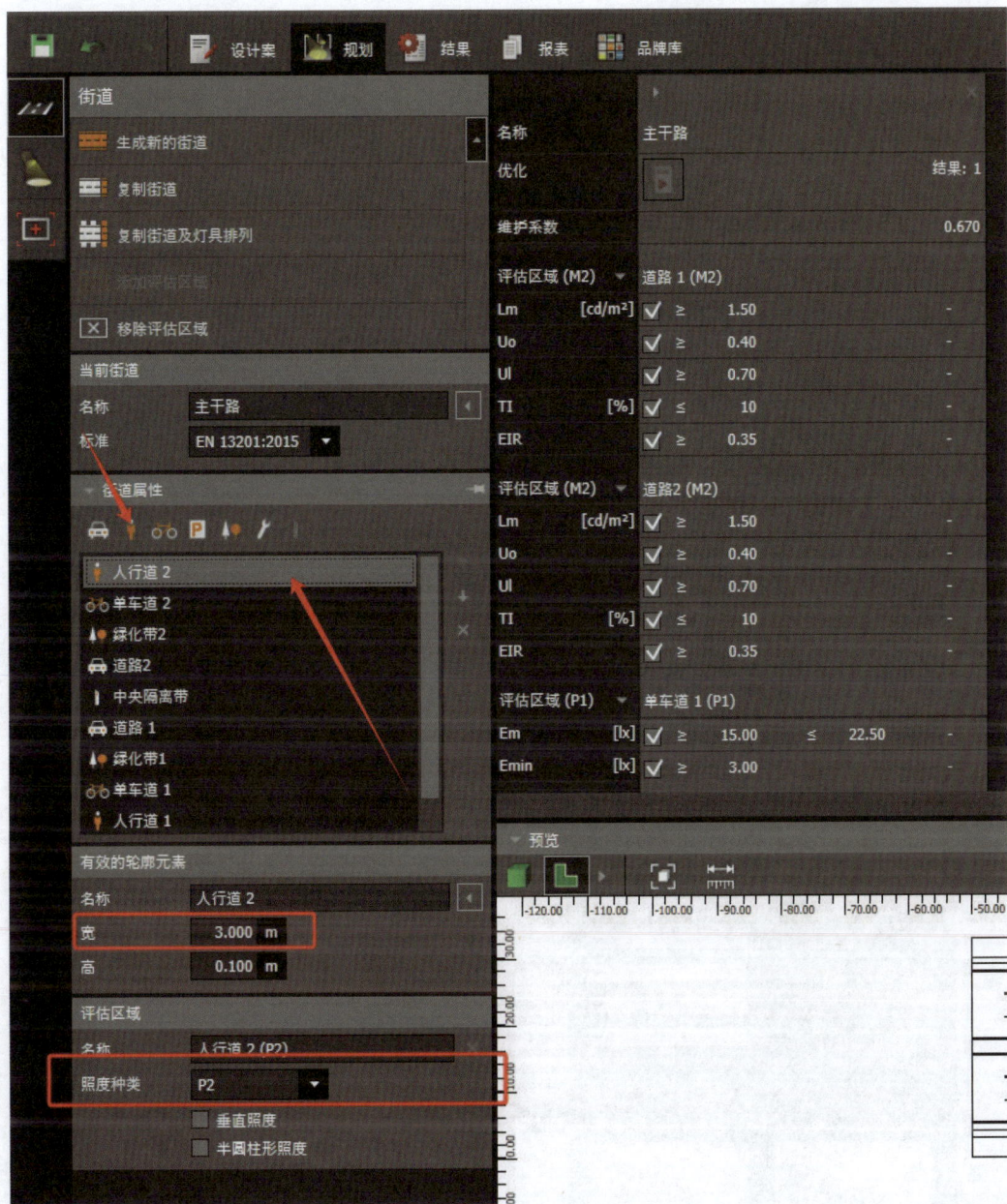

图 10-31　添加道路属性

【Step6】接下来我们放置灯具，单击品牌库，找到相合适的灯具品牌，进入产品线上目录，选择进行灯具的选择，单击导入DIALux evo即可（见图 10-32、图 10-33）。

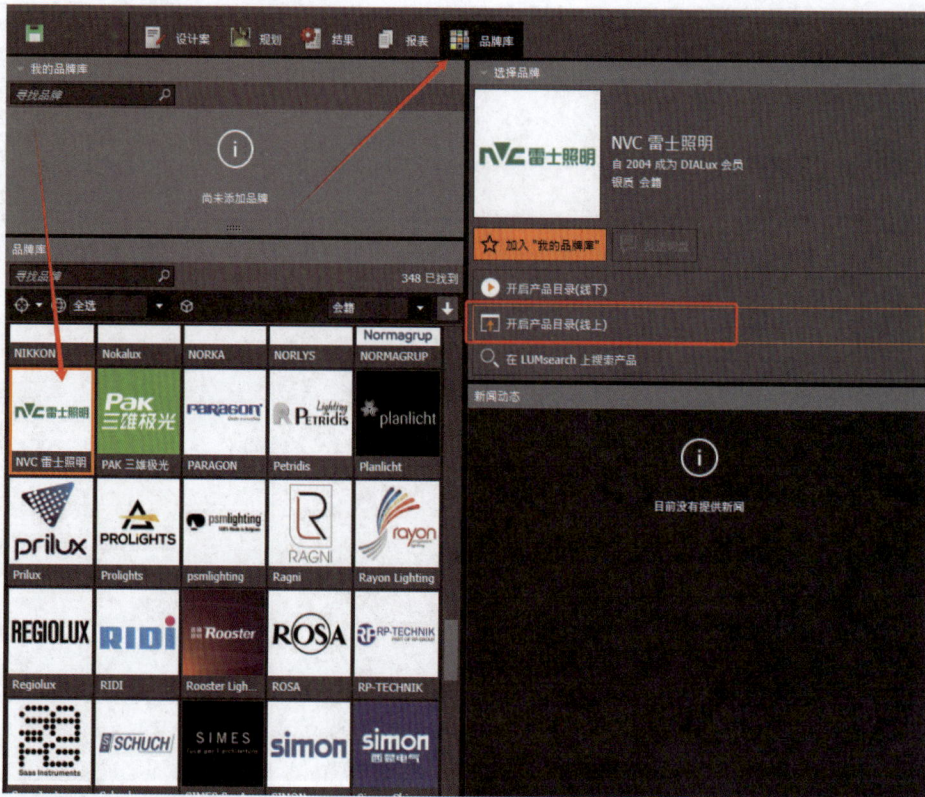

图 10-32　选择灯具品牌

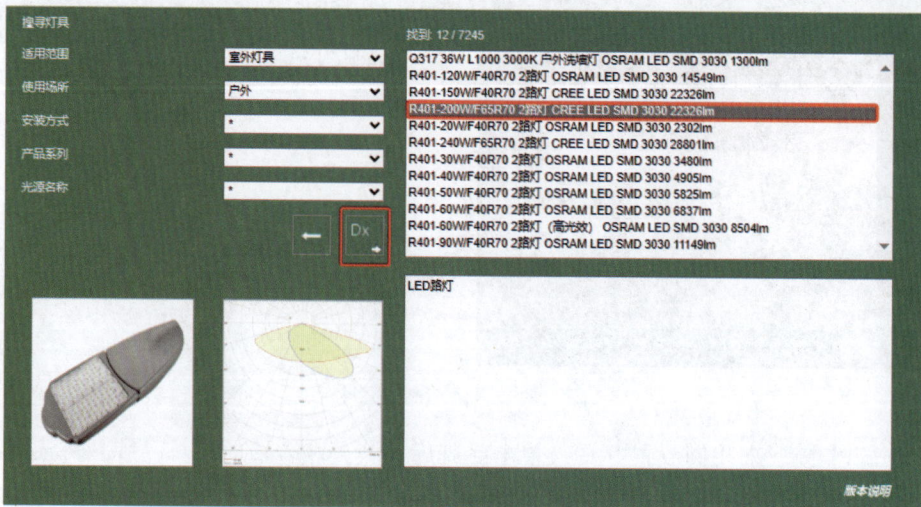

图 10-33　选择灯具参数

【Step7】灯具的IES文件载入DIALux evo后，单击该文件将其拖入模型中（见图 10-34）。

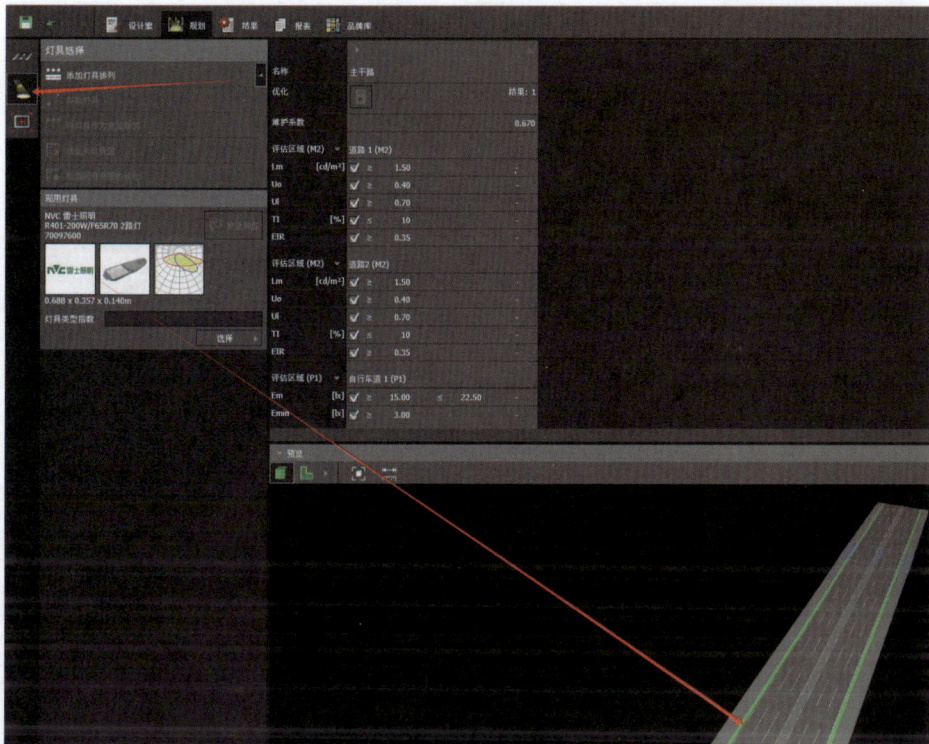

图 10-34　添加灯具

【Step8】单击右侧的滚动条往下拉动，红框内显示红色"×"的代表照明要求不达标，此时我们可以通过调整灯具的排列方式和灯具间距来满足标准（见图 10-35）。

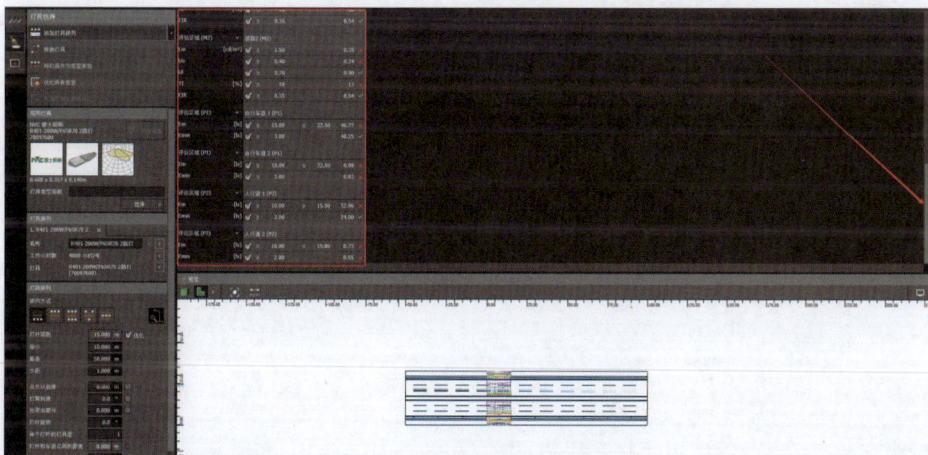

图 10-35　未调整的照度

【Step9】将灯具排列方式改为双边排列，灯杆间距改为 30m，发光点高度改为 12m，灯臂长度为 0.5m，此时的值均满足标准（见图 10-36）。

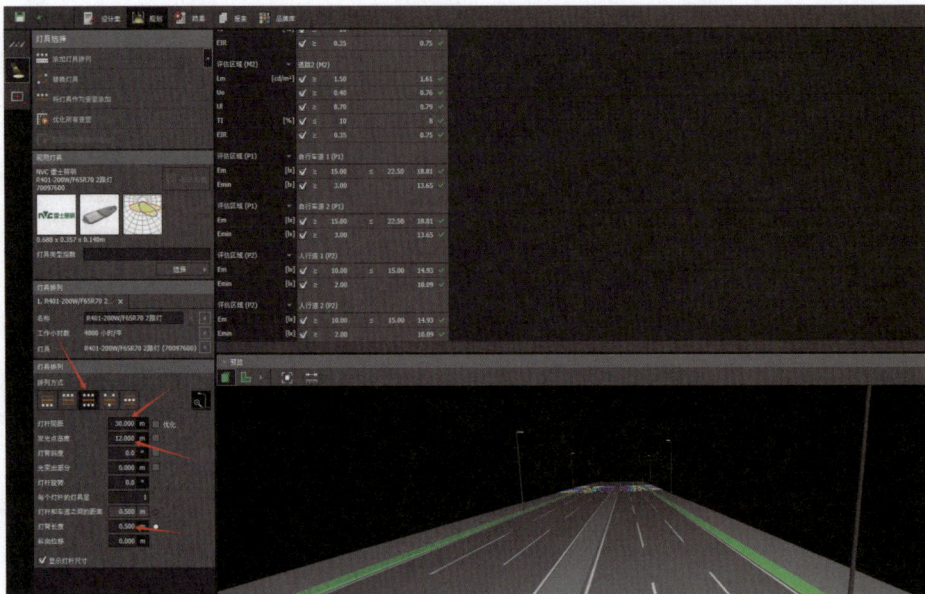

图 10-36　调整后的照度

10.2 道路照度
计算演示

CHAPTER 11

课后案例演示

学习目标

　　掌握使用DIALux evo软件进行住宅照明设计的基本操作流程。理解如何根据不同的需求和场景设计出高效、舒适的照明方案。能够通过实际案例演示的方式，深入了解住宅照明设计的实践操作。培养在未来实际项目中应用所学知识的能力。

教学要求

　　通过具体案例的图文详解，让学生重复练习，进一步巩固DIALux evo软件知识点。同时，学生也可扫描二维码，观看教学视频，进一步加强对知识点的理解。

　　重点：掌握DIALux evo软件的基本操作，包括导入图纸、添加建筑物和房间、调整楼层高度等。理解如何根据CAD图纸绘制天花轮廓线、添加灯具、调整灯具参数等操作步骤。熟悉灯光效果的计算方法，包括添加计算面、计算灯光效果等步骤。理解如何编辑报表、导出视图和报表等最终成果。

　　难点：灯具参数的调整，对于初学者来说，可能需要花费一些时间来熟悉不同参数的含义和调整方法。

　　报表编辑和导出，可能需要理解如何编辑和导出最终的报表和视图，以展示设计成果。

课后案例演示

经过前面的理论以及软件操作的学习，同学们应该掌握了DIALux evo的操作界面及知识点的运用，接下来我们会通过一个住宅照明设计的案例演示，将之前所学的知识点重新回顾一下，包括如何根据不同的需求和场景设计出高效、舒适的照明方案，从而进一步巩固对知识点的学习。接下来，跟着步骤我们一起进行住宅照明设计案例的操作。

【Step1】首先打开CAD图纸，将本次案例所应用到的平面图和天花图分别单独另存为CAD文件（见图11-1）。

图 11-1　CAD平面图和天花图

【Step2】打开照明设计软件DIALux evo，单击导入图纸，将平面图和天花图分别导入DIALux evo中（见图11-2）。

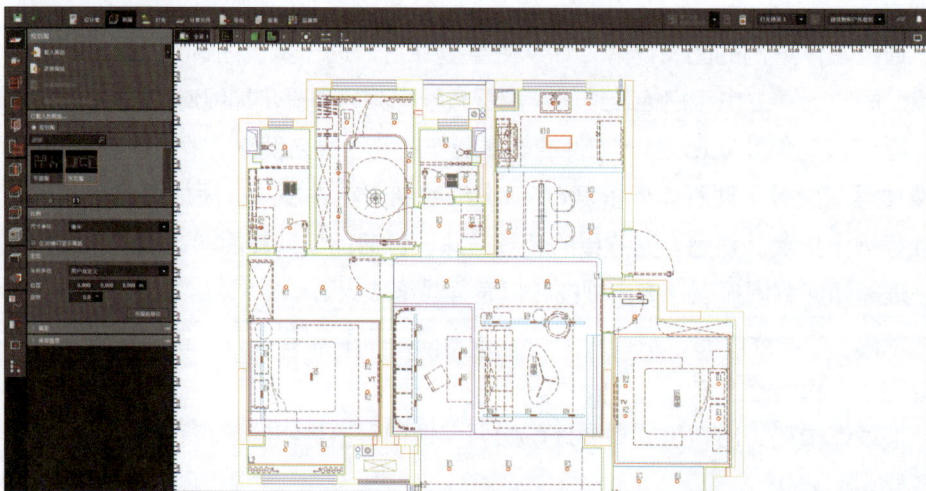

图 11-2　导入图纸页面

【Step3】单击"制图"—"全景"—"添加建筑物",沿着图纸的外轮廓线添加新的建筑物(见图 11-3、图 11-4)。

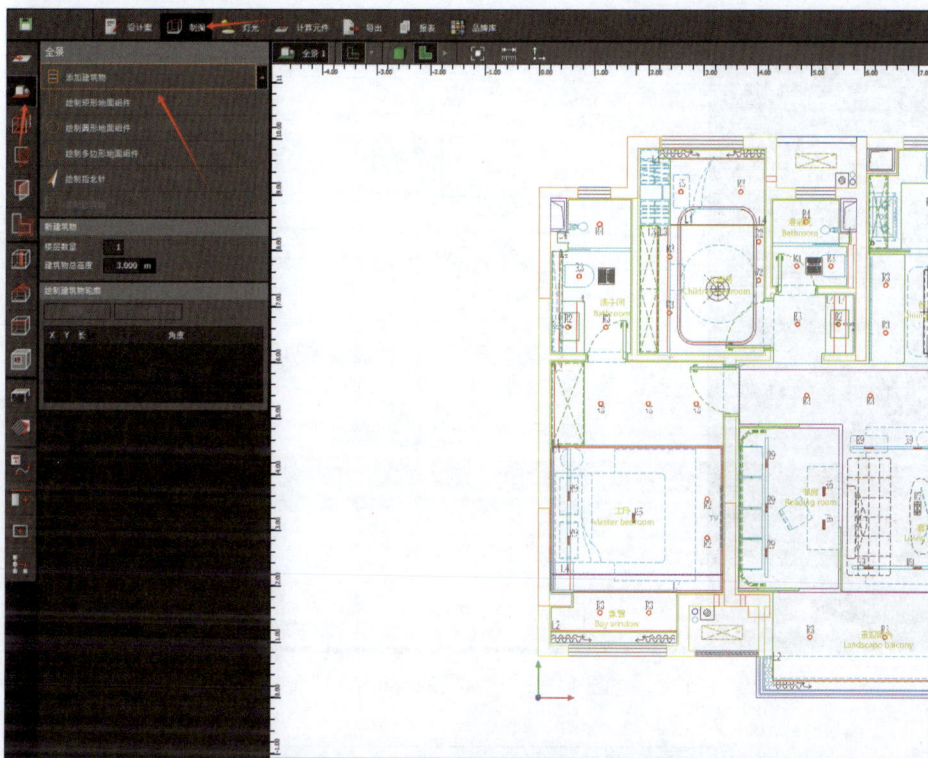

图 11-3　添加建筑物(1)

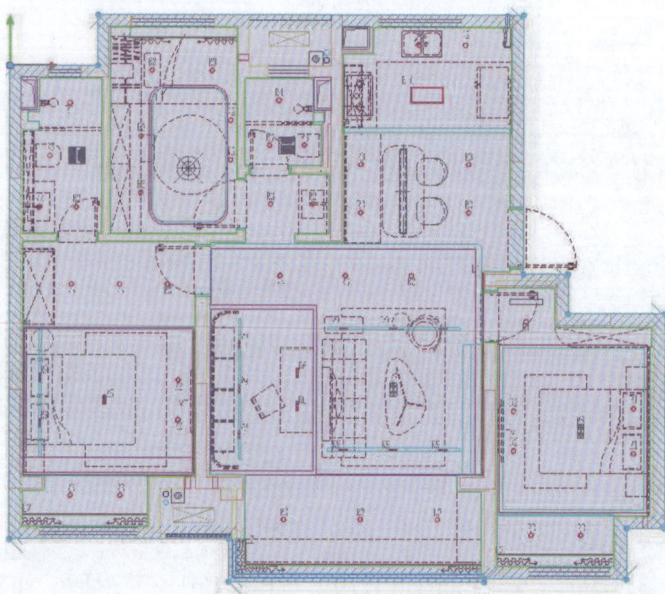

图 11-4　添加建筑物(2)

【Step4】单击"楼层及建筑物制图"—"绘制新的房间",沿着图纸的内部廓线添加新的房间(见图 11-5、图 11-6)。

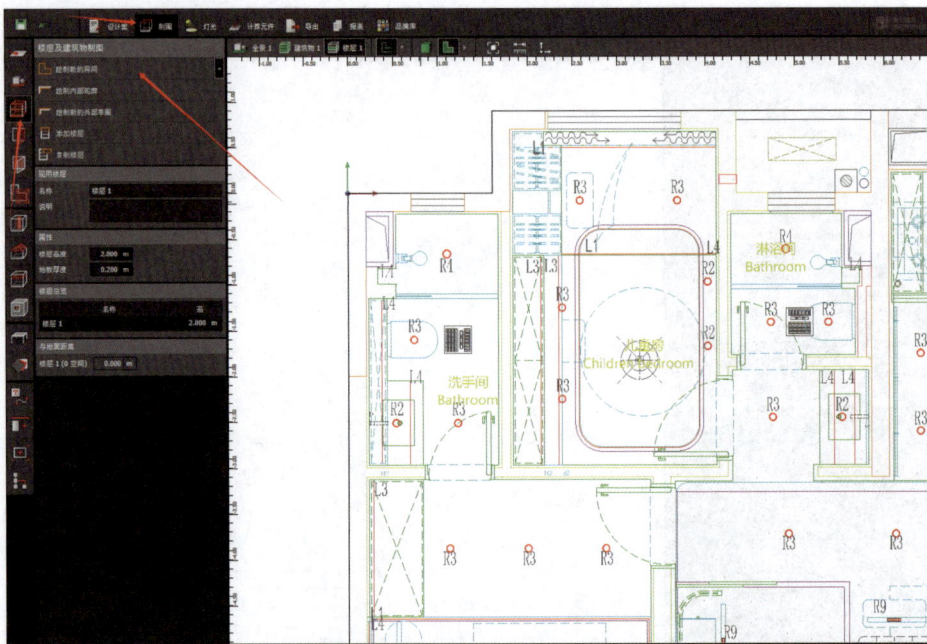

图 11-5　添加新的房间(1)

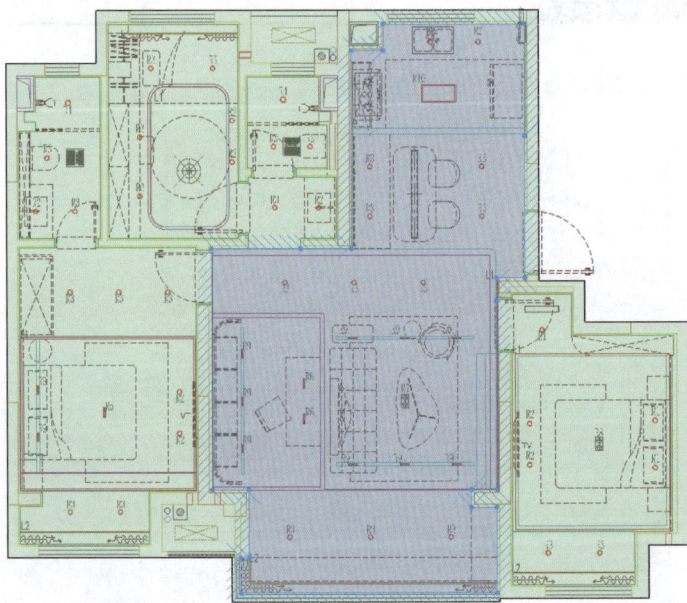

图 11-6　添加新的房间(2)

【Step5】绘制轮廓时,若添加的点有误,可按"Ctrl+Z"返回。如果绘制完成后发现空间绘制不完美需要修改,单击"制图"—"楼层及建筑物制图",单击平面图上的线条，然后可通过右击"添加点"或"删除点"进行修改（见图 11-7）。

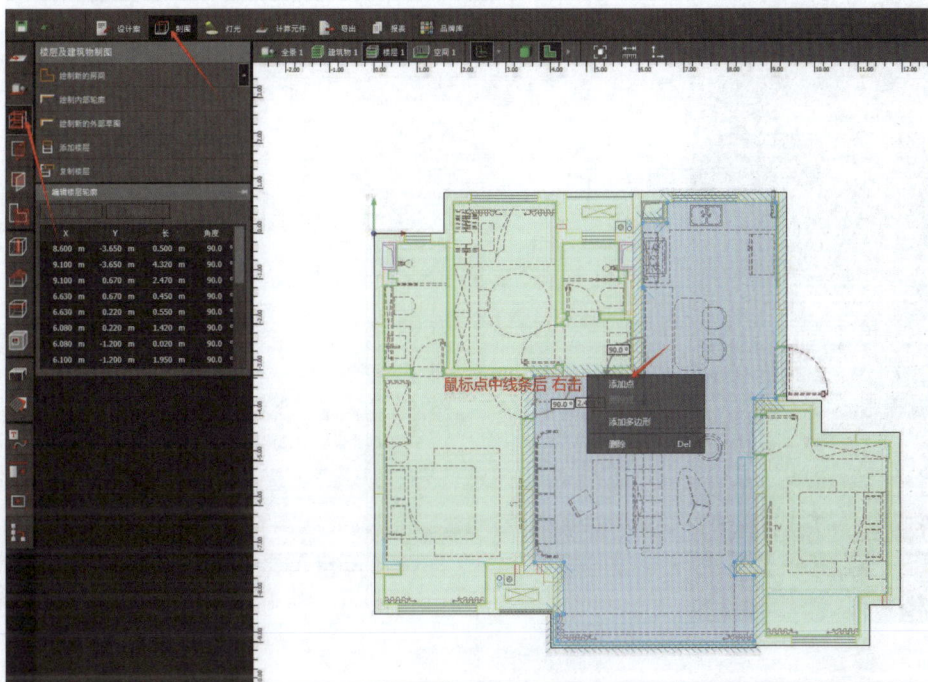

图 11-7　修改轮廓线

【Step6】根据 CAD 图纸测量得出客餐厅的层高为 2.75m，我们需要在 DIALux evo 中调整楼层高度为 2.75m，单击"制图"—"楼层及建筑物制图"，修改"楼层高度"为 2.75m（见图 11-8、图 11-9）。

图 11-8　楼层高度

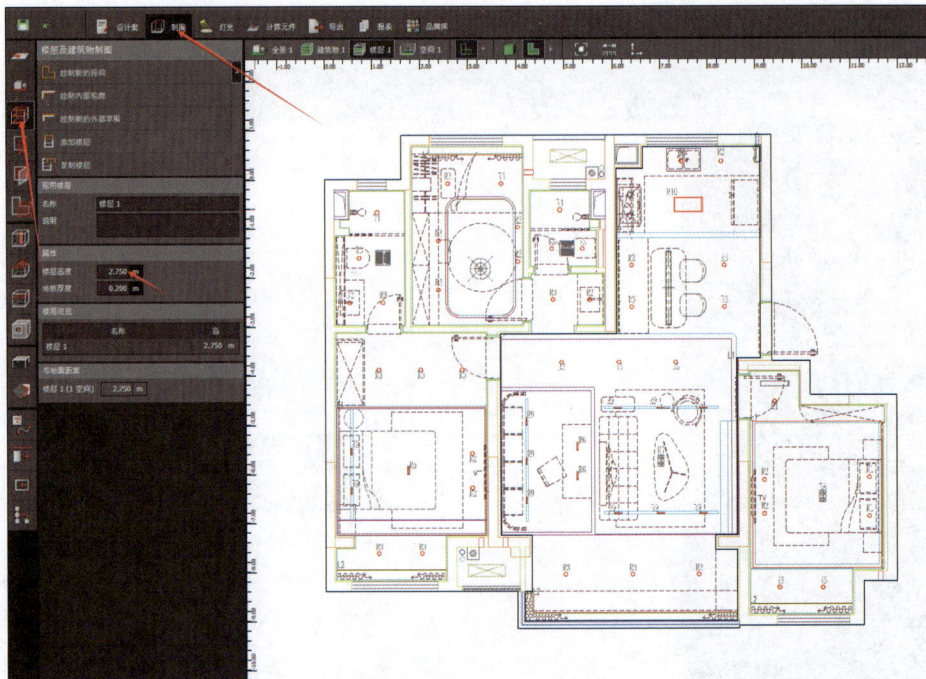

图 11-9　修改楼层高度

【Step7】接下来绘制天花吊顶，我们将平面图隐藏，把天花图打开（见图 11-10）。

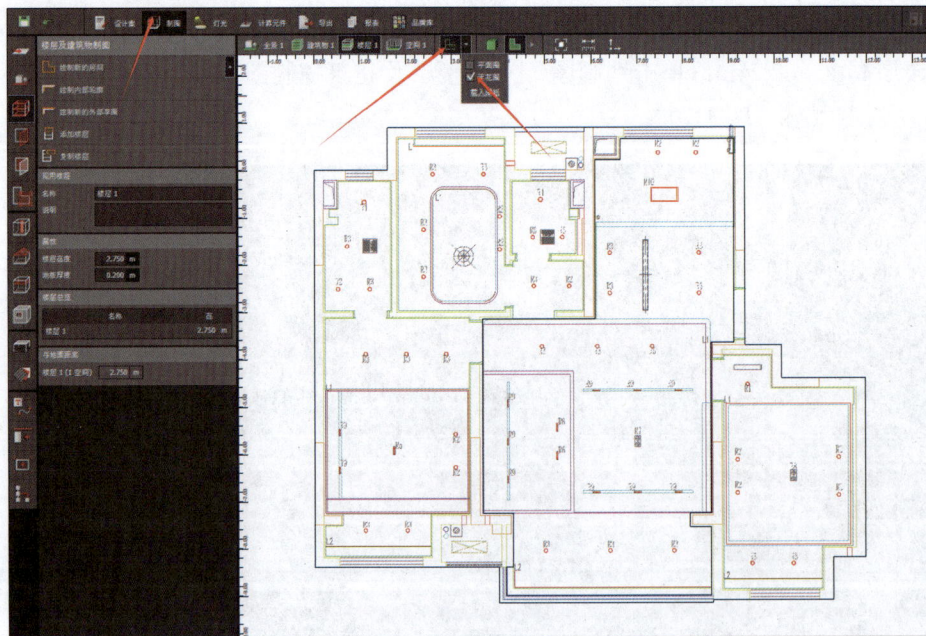

图 11-10　打开天花图

【Step8】单击"制图"—"天花板"—"绘制天花板"，根据CAD图纸绘制天花轮
廓线（见图 11-11、图 11-12）。

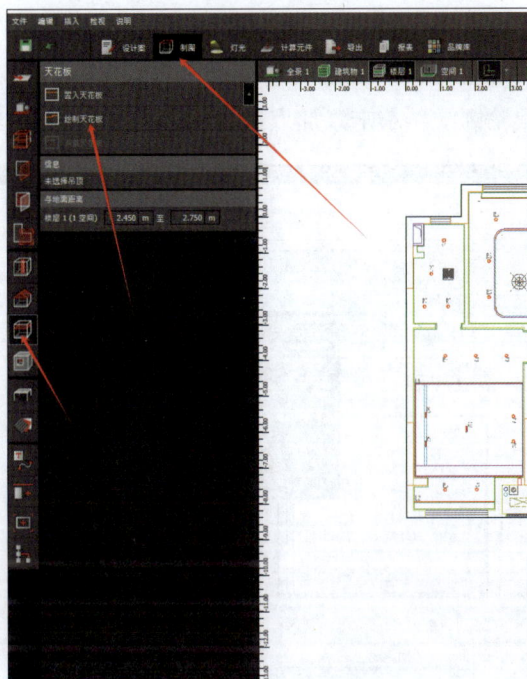

图 11-11　绘制天花图（1）

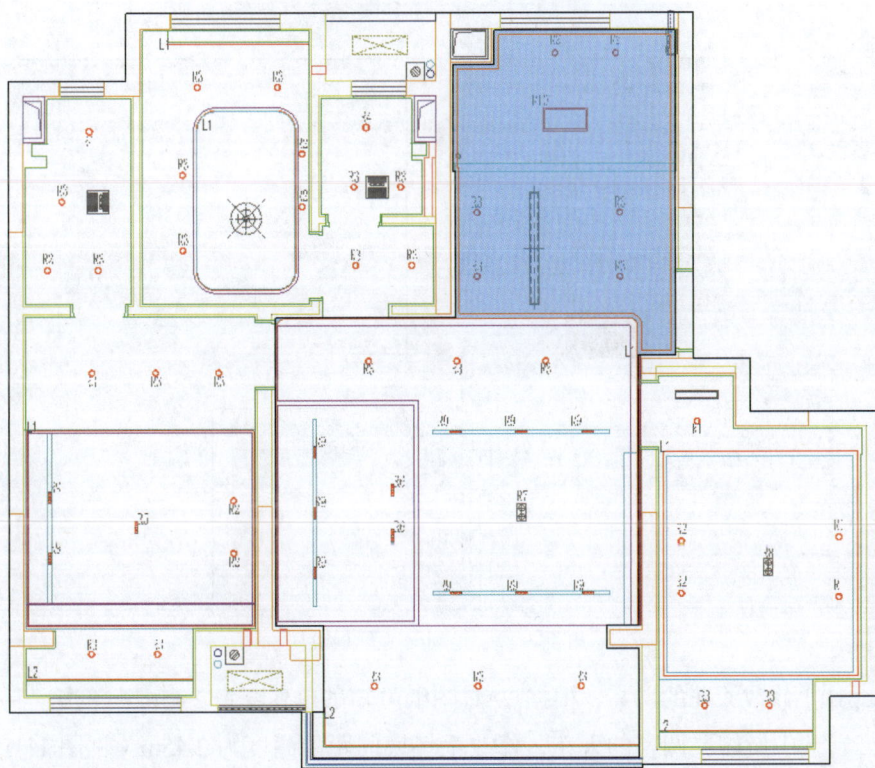

图 11-12　绘制天花图（2）

【Step9】绘天花时，若添加的点有误，可按"Ctrl+Z"撤回；如果绘制完成后发现空间不完美需要修改，选中所需要调整的天花板，右击鼠标选择"编辑多边形"，鼠标移动到所需要调整区域轮廓线，右击添加点或者删除点（见图 11-13、图 11-14）。

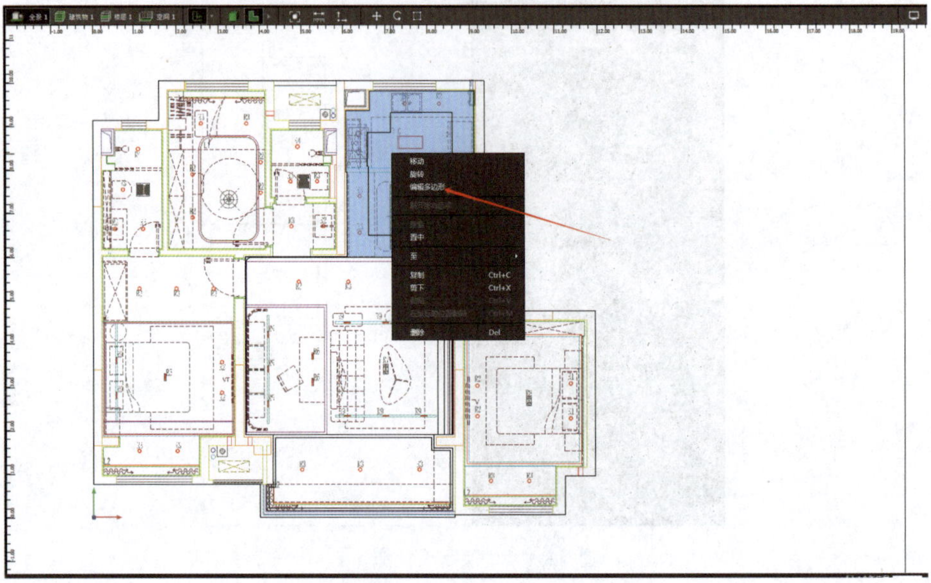

图 11-13　绘制天花图（3）

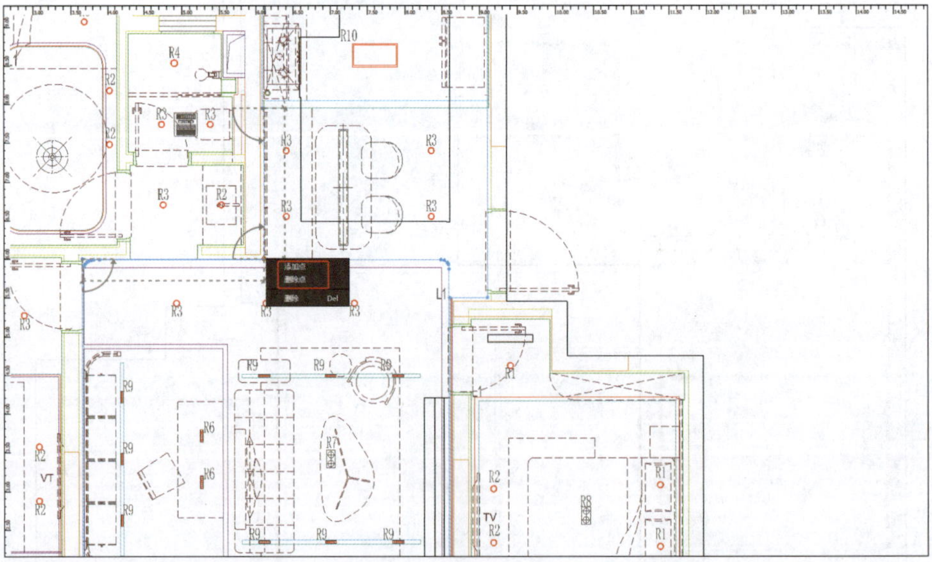

图 11-14　绘制天花图（4）

【Step10】修改天花的层高，根据CAD图纸可知吊顶高度为 2.45m。单击"制图"—"天花板"，选中所需要调整的天花，修改毛坯底间距的高度为 2.45m（见图 11-15、图 11-16）。

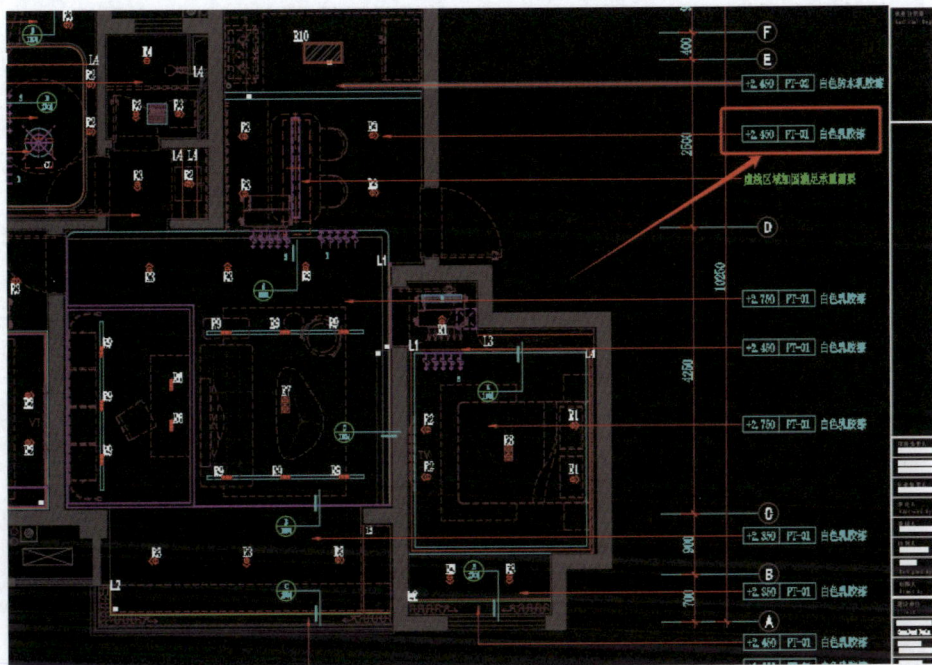

图 11-15 天花吊顶高度

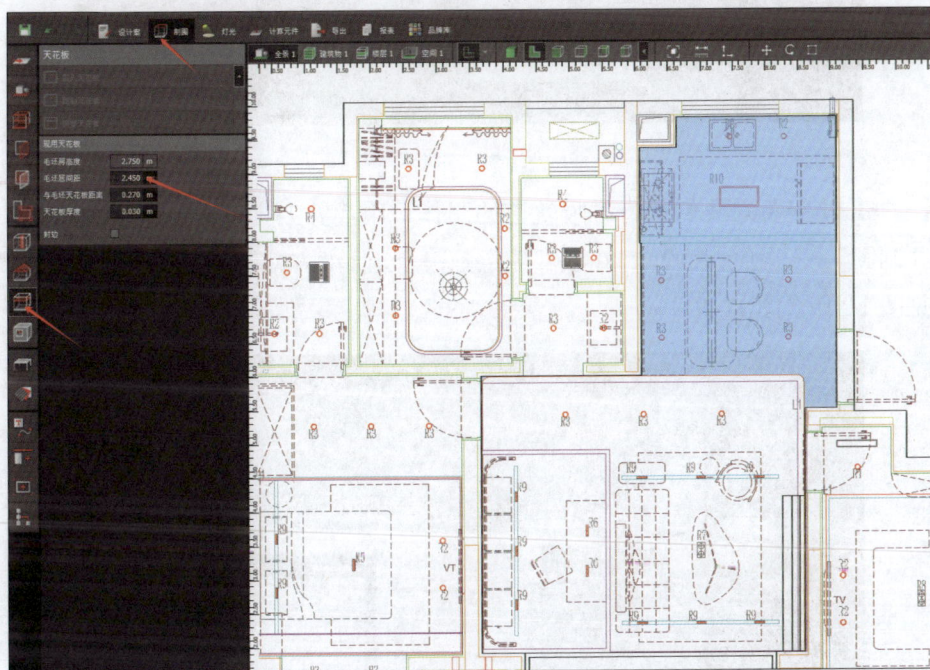

图 11-16 修改吊顶高度

【Step11】单击"制图"—"3D图",发现绘制的天花没有封边,单击"天花板",
选中所需调整的天花,勾选封边(见图 11-17、图 11-18)。

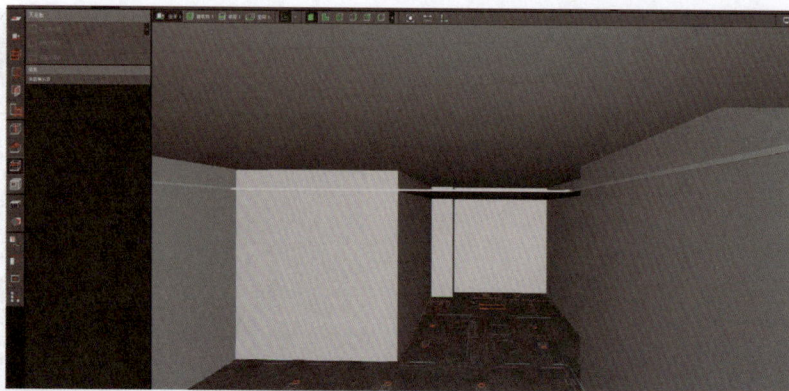

图 11-17　3D图

图 11-18　天花板封边

【Step12】接下来我们进行磁吸轨道的制作。用裁剪工具将磁吸轨道的槽描出来，单击"制图"—"所剪片段"，在顶部随意画一个矩形框架，然后返回平面图调整好尺寸（见图 11-19、图 11-20）。

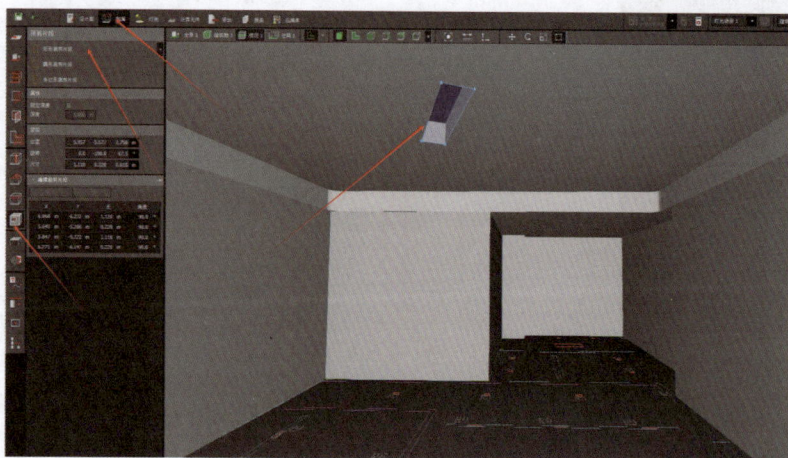

图 11-19　绘制磁吸轨道槽

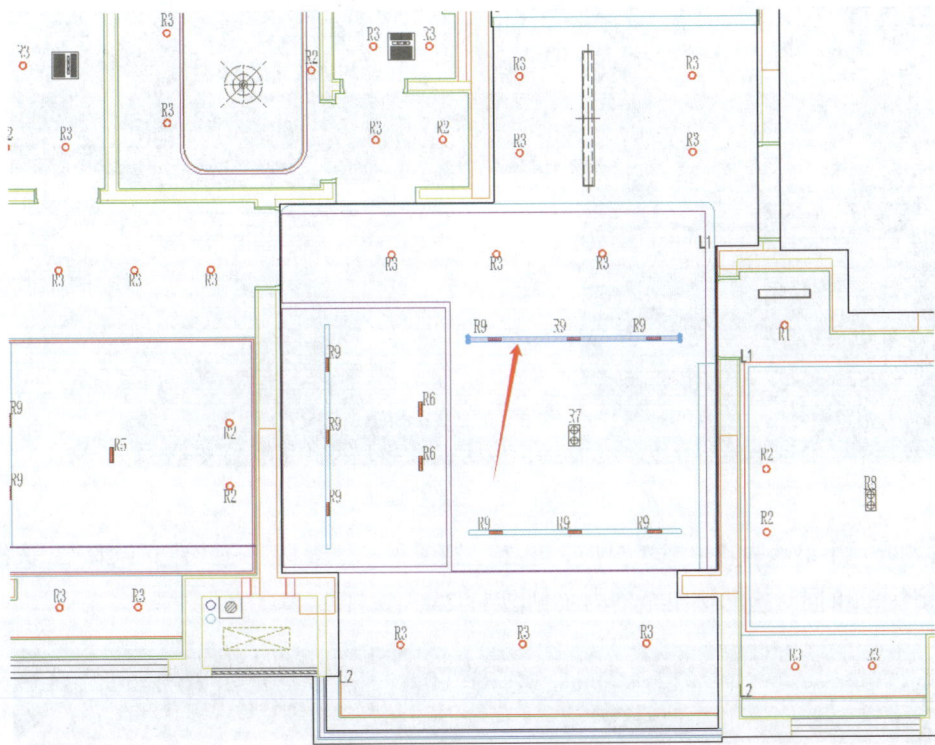

图 11-20　调整磁吸轨道槽

【Step13】用挤压体将磁吸轨道槽进行填充，单击"制图"—"家具及物件"—"平面图"—"绘制挤压体"。因为裁剪是将天花板贯穿，磁吸轨道高度一般为 5cm 左右，故需要绘制一个高于天花 5cm 的挤压体进行填充（见图 11-21、图 11-22）。

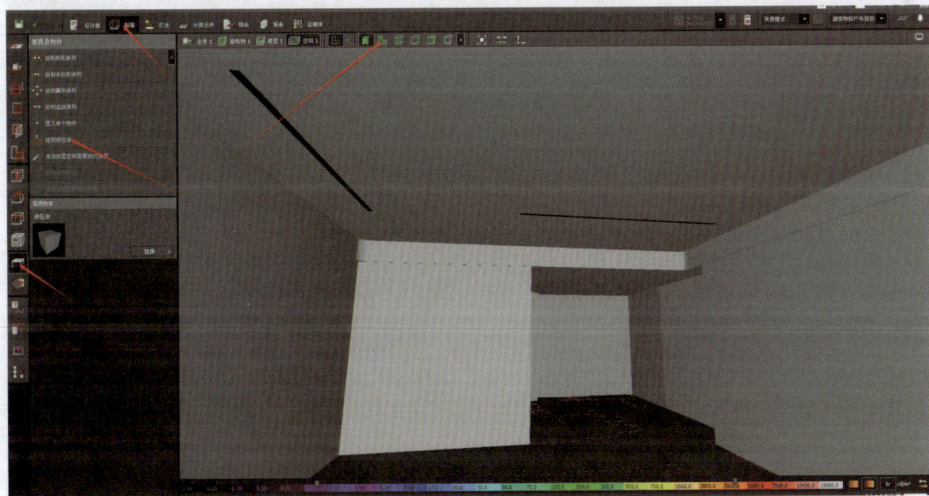

图 11-21　添加挤压体

图 11-22　绘制挤压体

【Step14】给磁吸轨道赋予材质，单击"制图"—"素材"—"建立色彩"，选择黑色，按住 Shift 同时拖动材质至槽内（见图 11-23、图 11-24）。

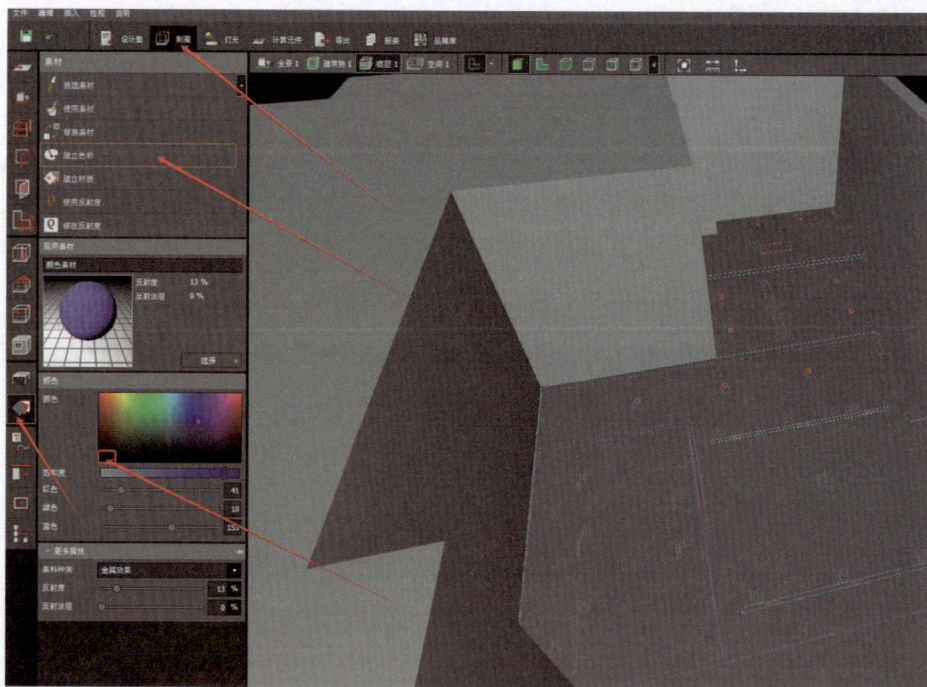

图 11-23　建立材质

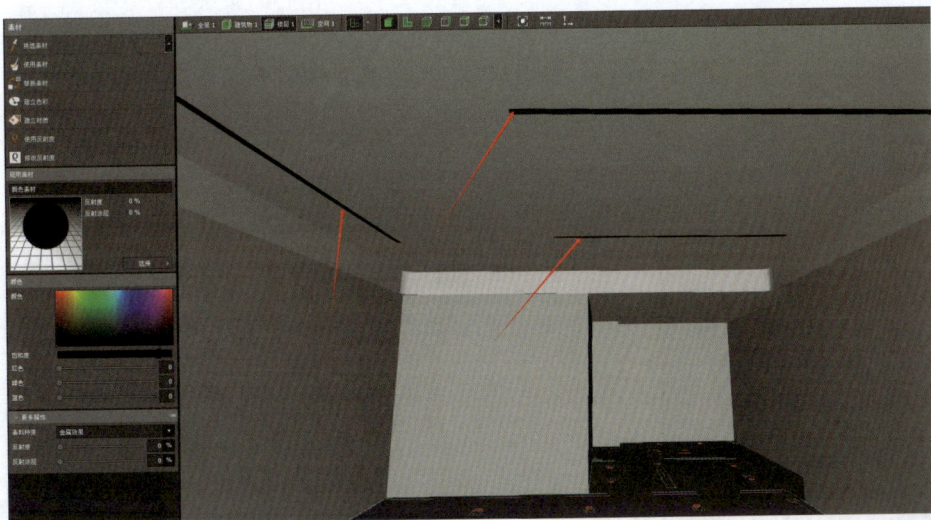

图 11-24　绘磁吸轨道填充材质

【Step15】添加灯具，单击"灯光"—"灯具"—"选择"，根据CAD图纸上的图例，找到所需要的灯具（见图 11-25）。

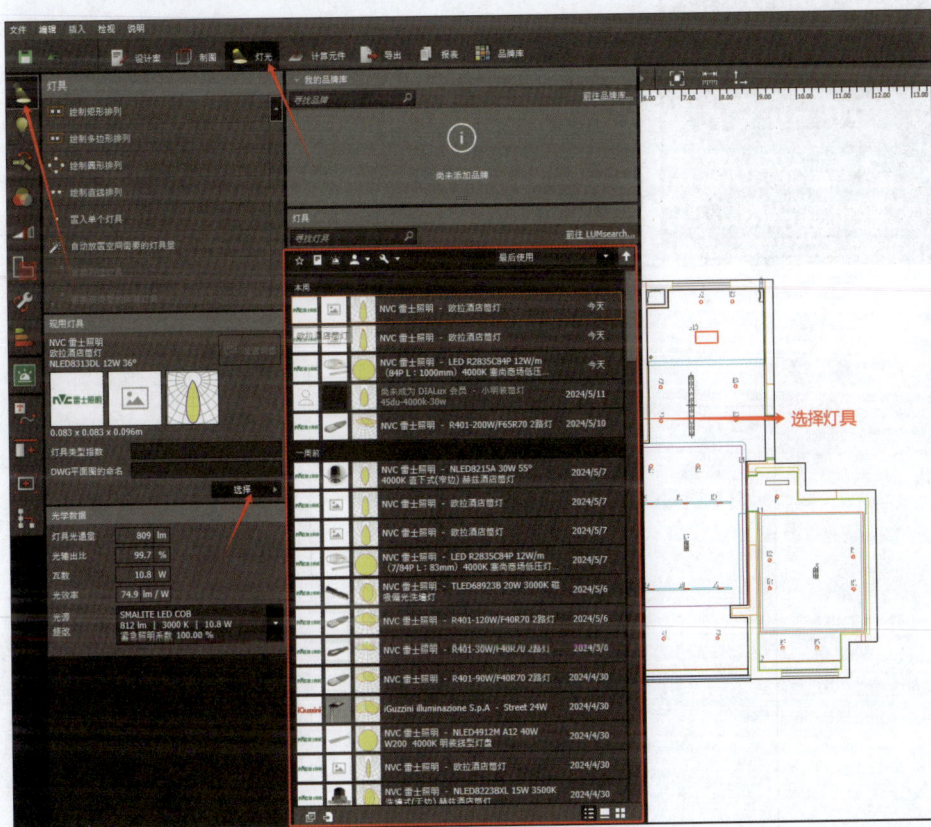

图 11-25　灯具的选择

【Step16】将选中的灯具拖至模型中，若遇到等距布置的灯具可以使用直线排列的方式添加。灯具数量根据CAD图纸数量录入，对齐方式根据在平面上放置的起始点和末位点来进行选择是"居中"还是"对齐起点或终点"或者"居中起点或终点"，三种排列方式进行自由对齐（见图11-26、图11-27）。

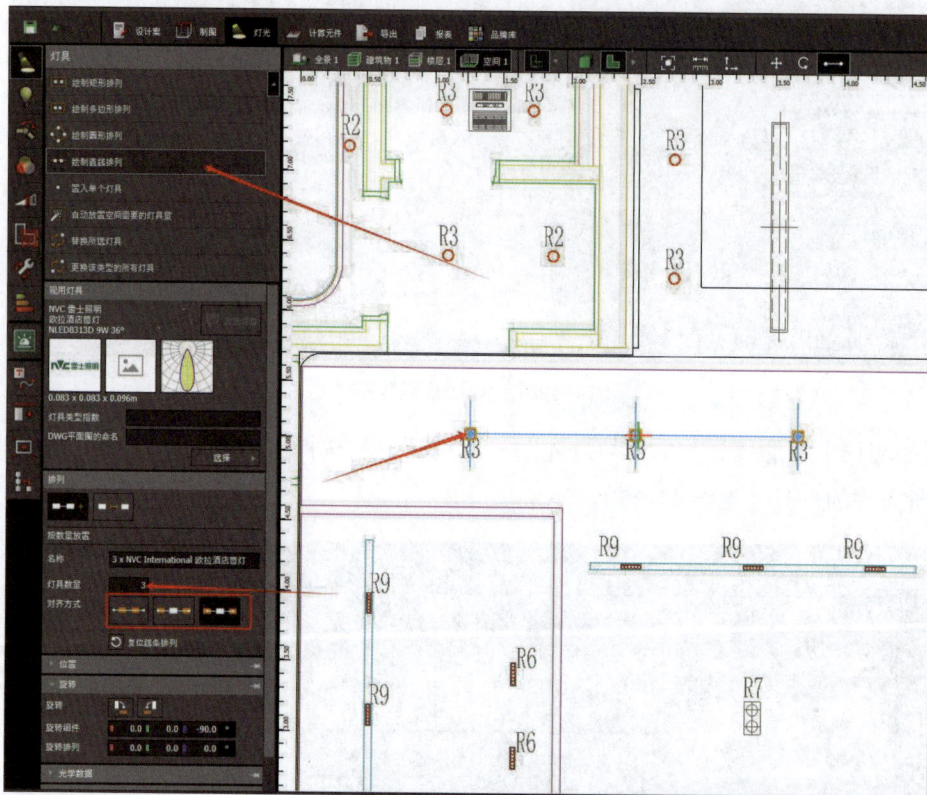

图 11-26 直线排列

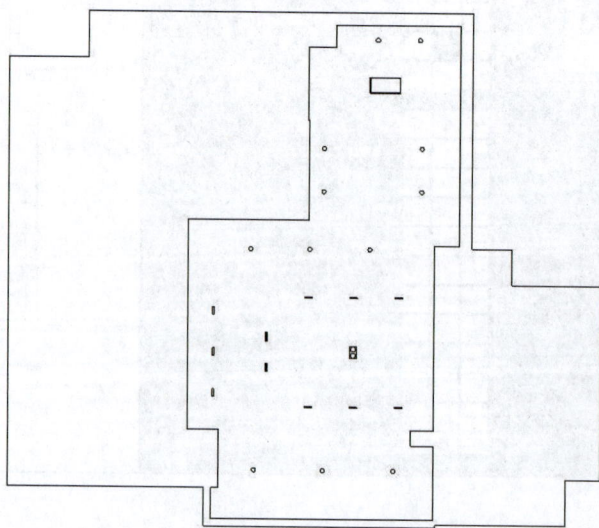

图 11-27 添加灯具

【Step17】调整灯具参数，单击"灯光"—"灯具"，选中所需要调整的灯具；单击"位置"，更改灯具的位置使其在天花同一水平上；单击"光源"，选中所需要调整的灯具；单击"比色数据"，选择合适灯具的色温，单击"套用"（见图 11-28、图 11-29）。

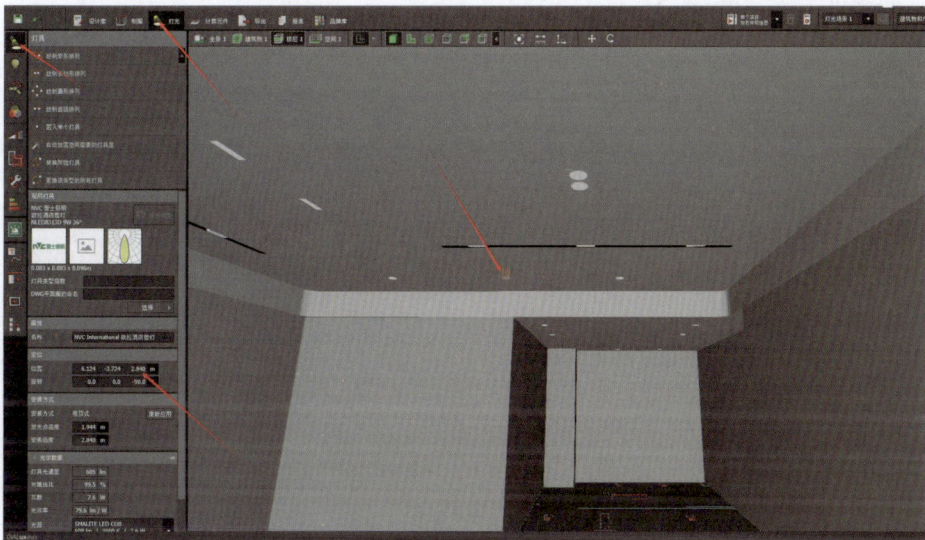

图 11-28　调整灯具参数（1）

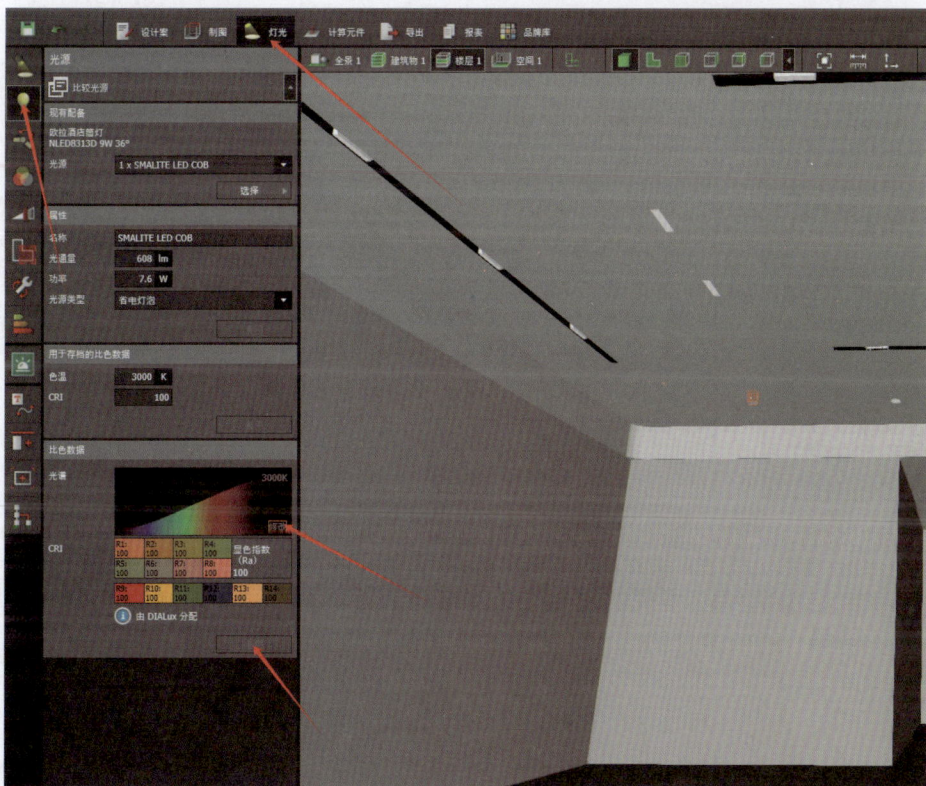

图 11-29　调整灯具参数（2）

【Step18】调整灯具的照射角度，单击"灯光"—"灯具"，选中所需要调整的灯具，单击"旋转"，根据灯具可以调整的角度范围，来做出合理的调整；调整完毕后再单击"位置"，更改灯具的位置，使其在天花同一水平上，可以从三视图里调整具体的位置更为精准（见图11-30、图11-31）。

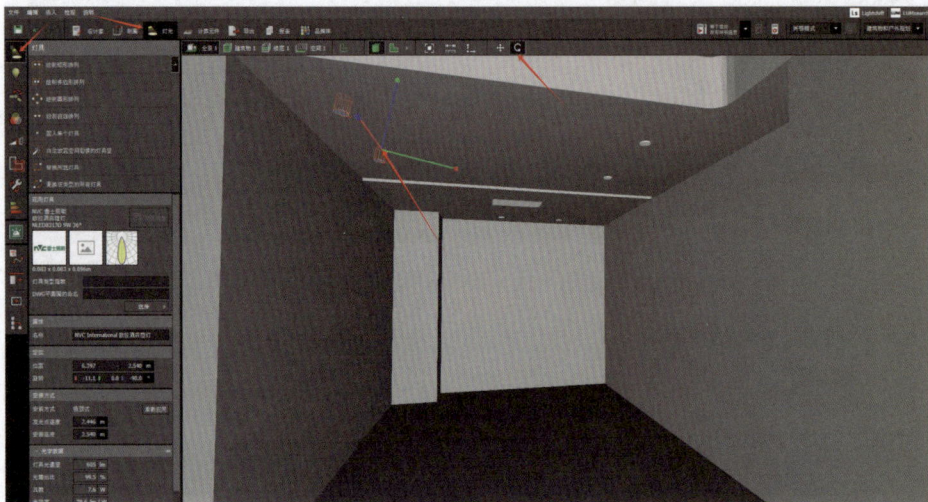

图 11-30　旋转灯具角度

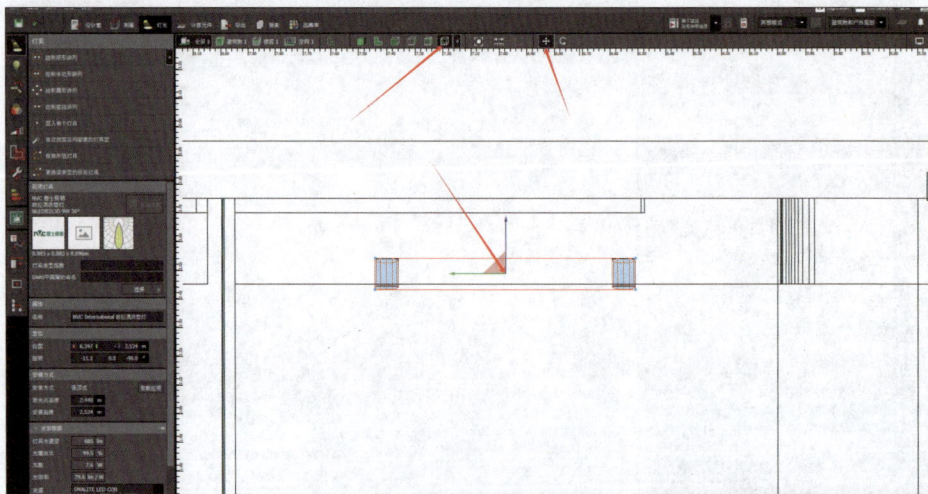

图 11-31　调整灯具参数

【Step19】添加家具，单击"制图"—"家具及物件"—"选择"—"目录"—"对象目录"，选择合适的家具物件（见图11-32、图11-33）。

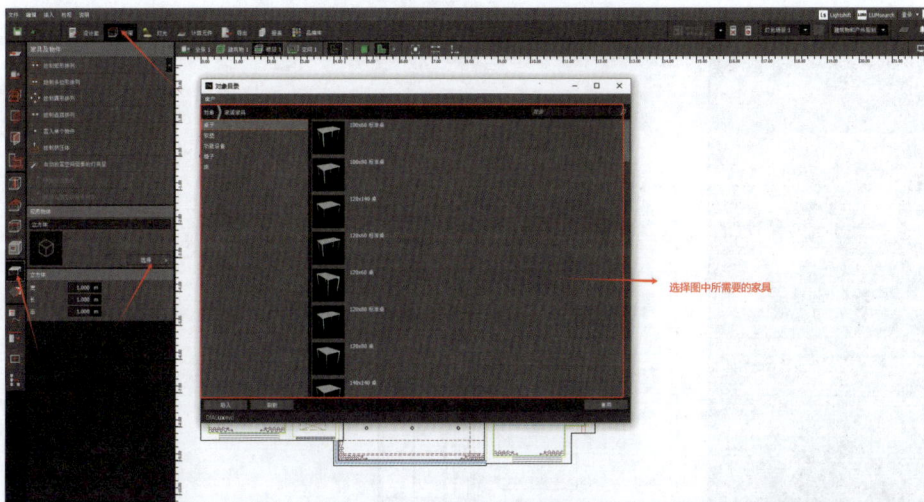

选择图中所需要的家具

图 11-32　添加家具

图 11-33　放置家具

【Step20】同时，我们可以运用挤压体来绘制家具，单击"制图"—"家具及物件"—"选择"—"绘制挤压体"，根据图纸中的物体形状进行绘制（见图 11-34）。

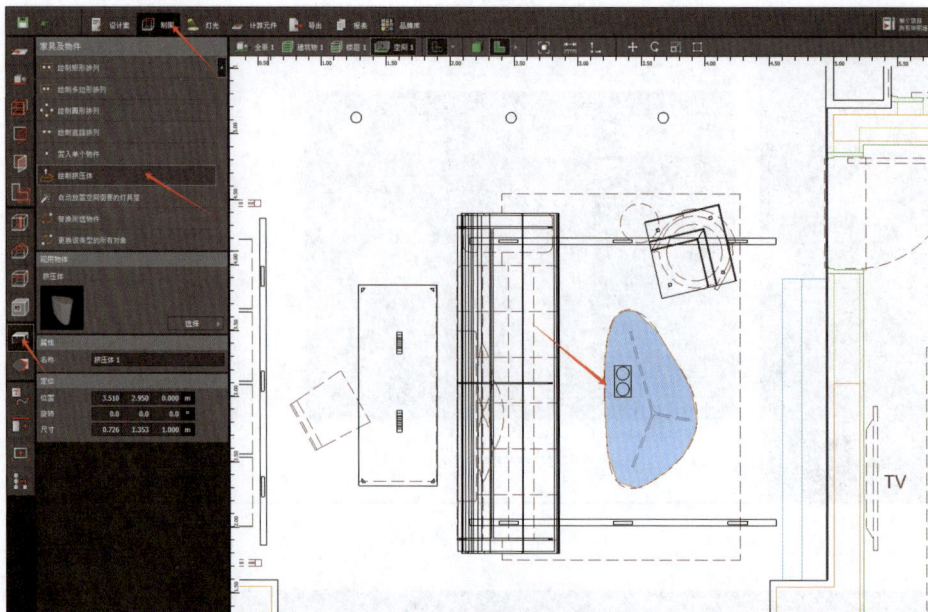

图 11-34　绘制挤压体家具

【Step21】调整挤压体的参数，选中所需要调整的挤压体，更改定位下方的位置和尺寸（见图 11-35）。

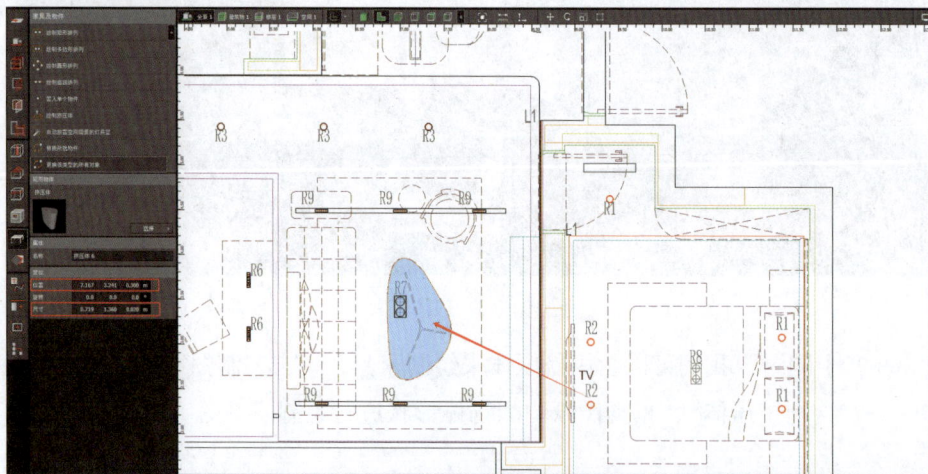

图 11-35　调整挤压体参数

【Step22】合并挤压体，单击"制图"—"复制和排列"—"布尔运算"，按住 Shift 选中所需要合并的家具，单击"合并"（见图 11-36）。

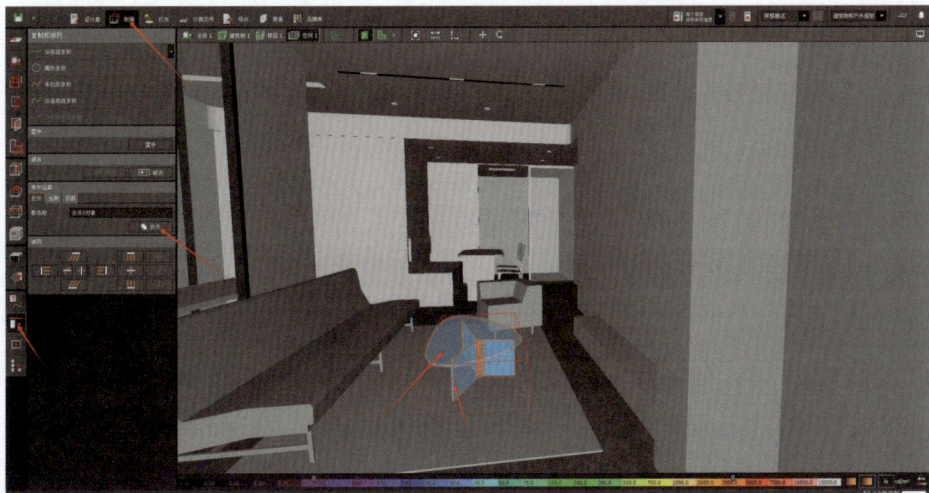

图 11-36　合并挤压体

【Step23】重复上述步骤，绘制其他挤压体家具（见图 11-37）。

图 11-37　放置挤压体家具

【Step24】若需要更加精细的家具，可以运用草图大师或者 3D MAXS 等软件导出 3DS 的家具模型，再导入 DIALux Evo 中，然后等比例地缩放物体大小。建议不要放置过多的精细家具，否则会影响计算速度和操作的流畅感（见图 11-38 至图 11-41）。

图 11-38　导出 3DS 文件（1）

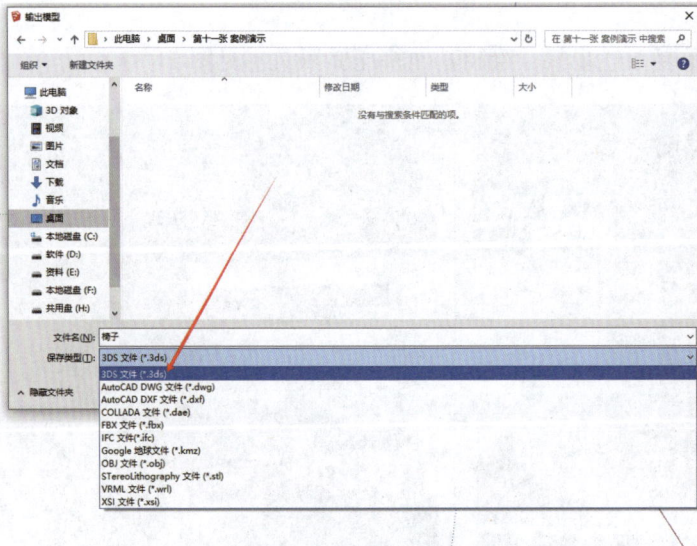

图 11-39　导出 3DS 文件（2）

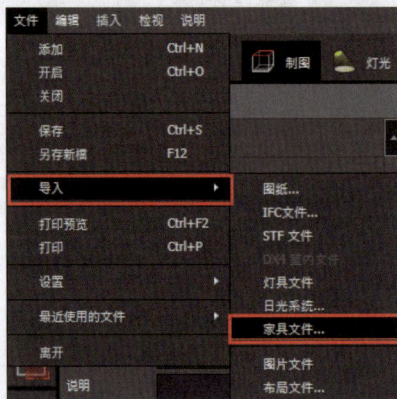

图 11-40　将 3DS 导入 DIALux Evo

图 11-41　调整 3DS 模型参数

【Step25】给家具赋予材质，单击"制图"—"素材"—"选择"—"目录"，选择设计所需的材质并赋予家具（见图 11-42、图 11-43）。

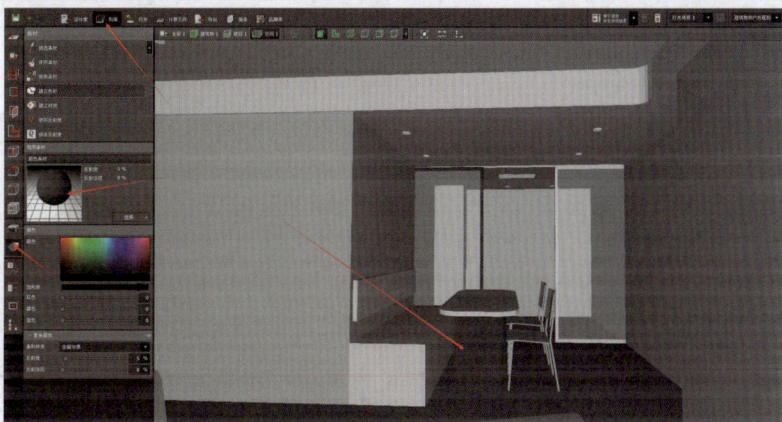

图 11-42　给家具赋予材质（1）

图 11-43　给家具赋予材质（2）

【Step26】若需要模型库中没有的材质，可以自行在网上找所需要的材质，单击"制图"—"素材"—"建立材质"，调整材质的参数（见图 11-44、图 11-45）。

图 11-44　建立材质

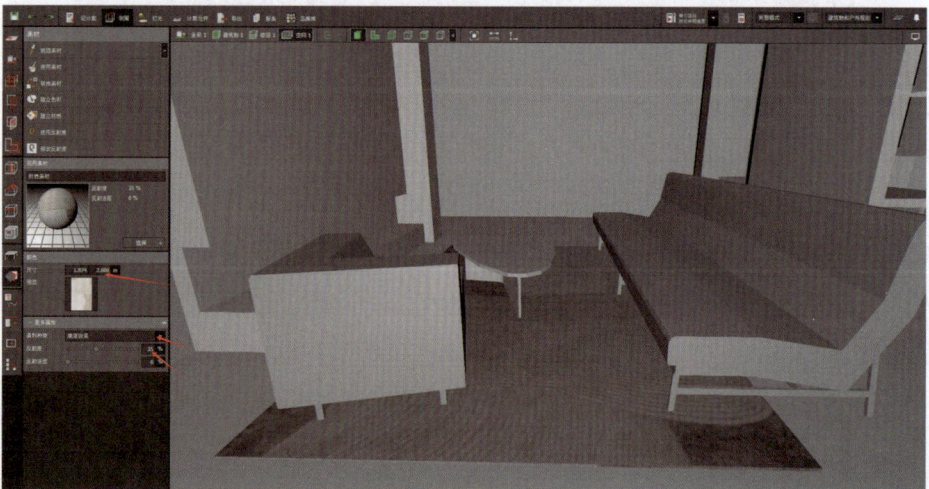

图 11-45　调整材质参数

【Step27】添加计算面，单击"计算元件"—"表面选型"，拖动至所需要计算的面，并修改计算面名称（见图 11-46、图 11-47）。

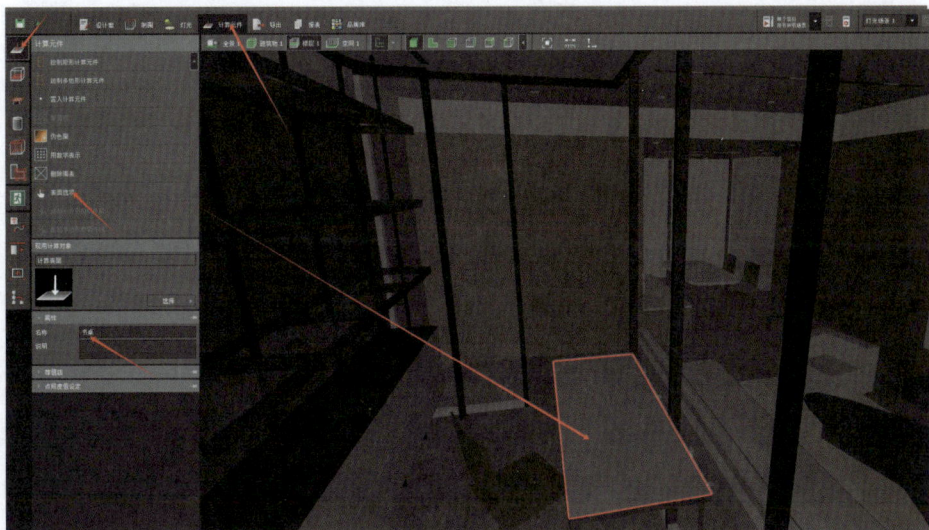

图 11-46　添加表面选型

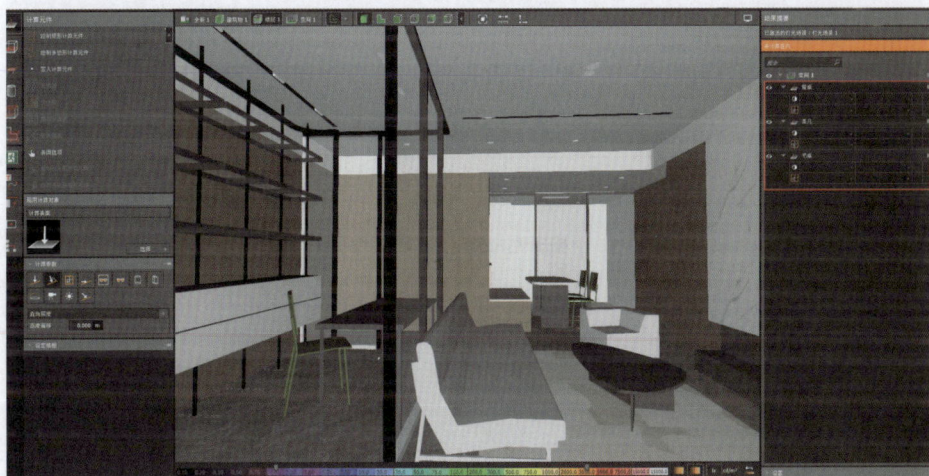

图 11-47　计算面

【Step28】我们也可以手动绘制计算面，单击"计算元件"—"平面图"—"绘制矩形计算原件"或者"绘制多边形计算原件"，在平面图中绘制所需要的计算面（见图 11-48）。

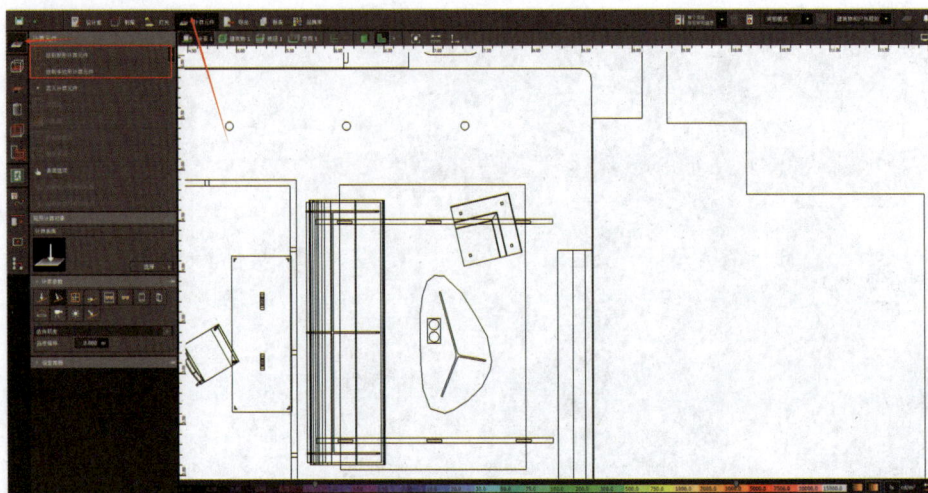

图 11-48　绘制计算面

【Step29】修改计算面的参数，选中绘制的计算面，单击"定位"，根据所绘制的计算面的高度输入数值（见图 11-49）。

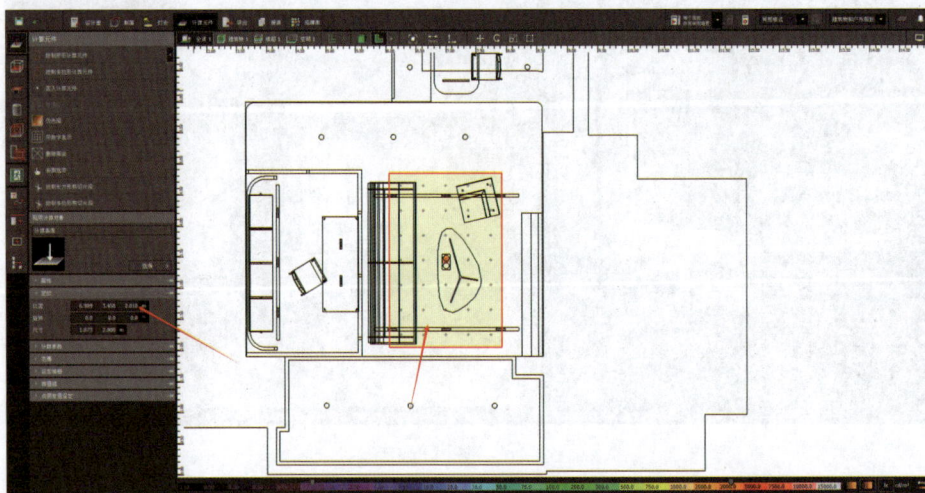

图 11-49　修改计算面

【Step30】绘制地面"计算面"时，如果地面上有家具遮挡，计算后会拉低整体的照度值，因此我们需要将被遮挡的区域从计算面中裁剪掉。单击"计算元件"，选中地面"计算面"，单击"绘制多边形裁剪片段"进行剪裁（见图 11-50、图 11-51）。

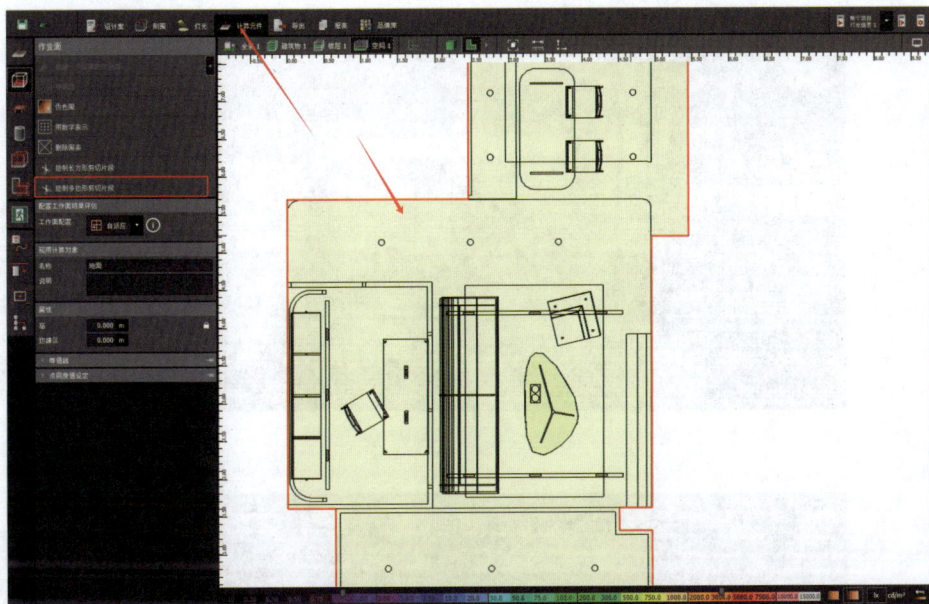

图 11-50 绘制裁剪片段（1）

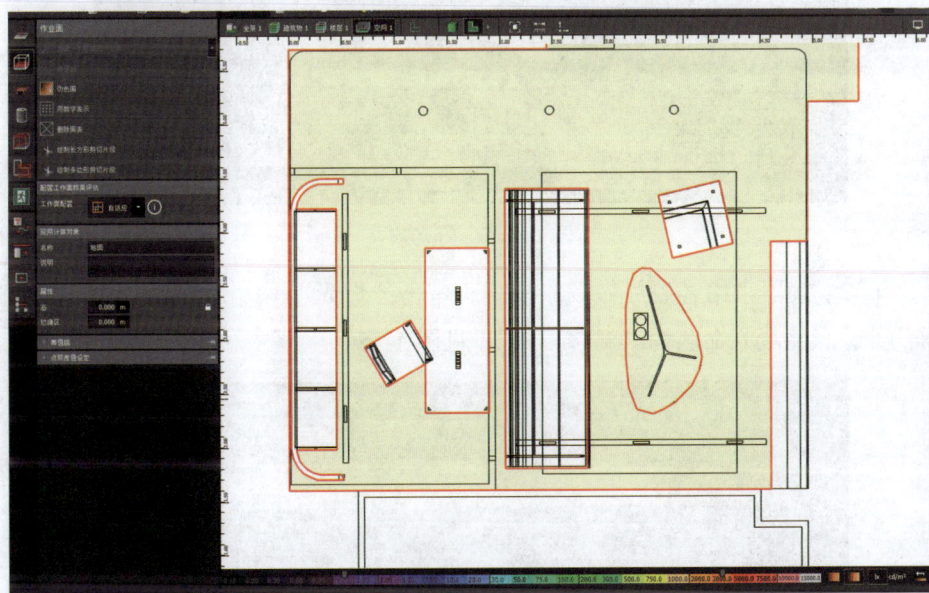

图 11-51 绘制裁剪片段（2）

【Step31】计算灯光效果，单击"整个项目所有照明场景"（见图 11-52、图 11-53）。

图 11-52　计算灯光

图 11-53　灯光效果

【Step32】接下来给客餐厅做场景模式，单击"灯光"—"灯光场景"—"创建新的照面场景"，将场景命名为"温馨模式"（见图 11-54）。

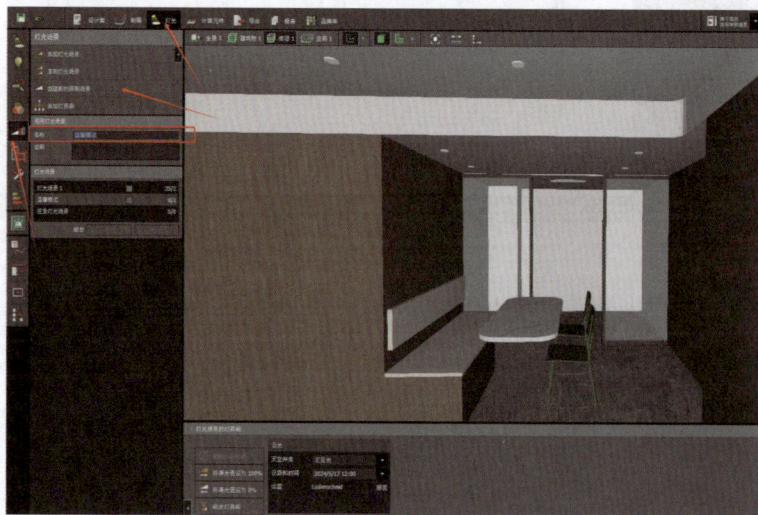

图 11-54　计算灯光

【Step33】给场景添加灯具组，单击"添加灯具组"，选择所需要的灯具；单击"下方灯具组的+"，将"灯具组 1"命名为"过道射灯"（见图 11-55、图 11-56）。

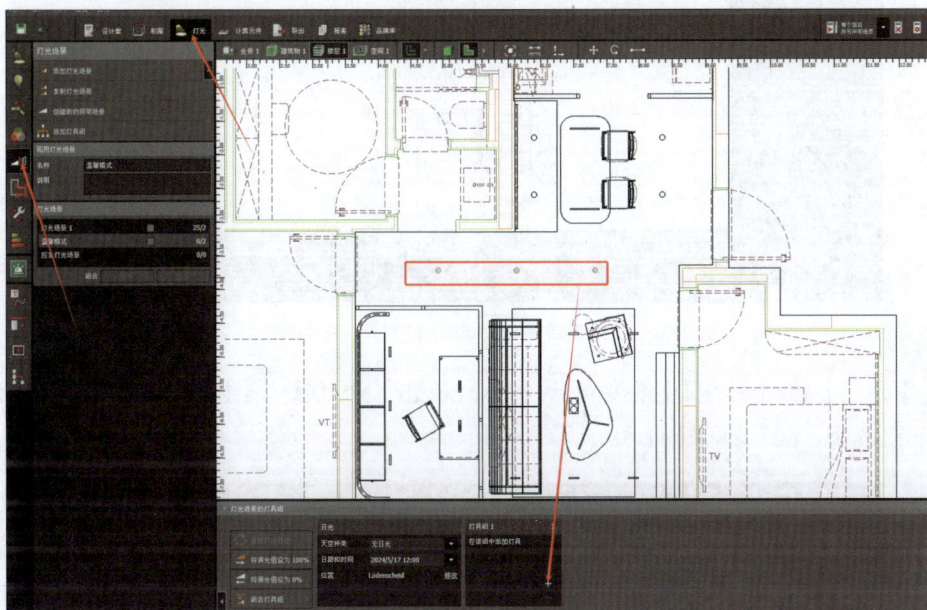

图 11-55　添加灯具组

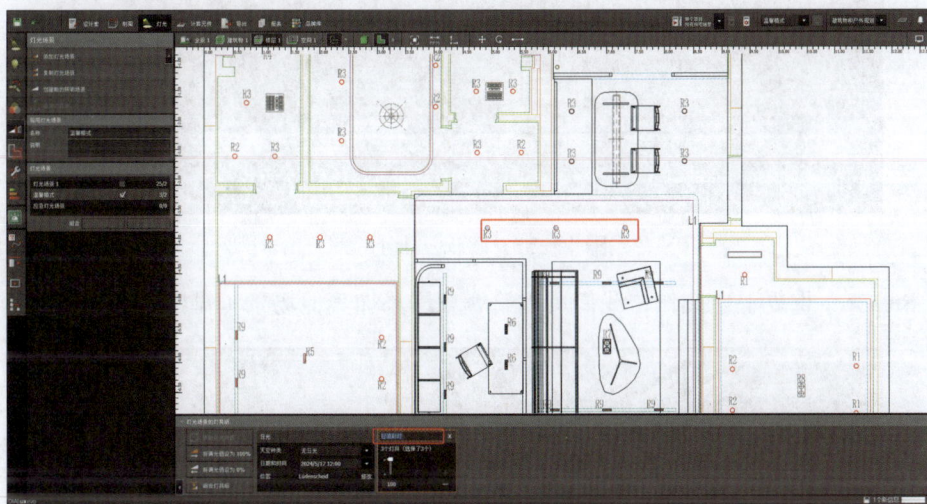

图 11-56　更改灯具组名称

【Step34】重复上述操作，将客餐厅的灯具分组命名（见图 11-57）。

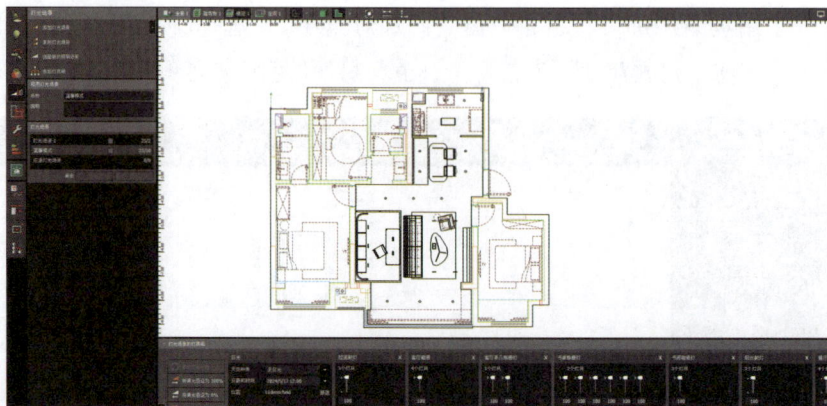

图 11-57　添加灯具组

【Step35】将灯具组的亮度调至 60%，单击"下方灯具组"，将灯具组数值由"100"修改为"60"（见图 11-58）。

图 11-58　调节灯具组亮度

【Step36】重复上述操作，我们可以给客餐厅添加其他场景（见图 11-59）。

图 11-59　灯光场景

【Step37】将灯光场景导出视图，单击"导出"—"视图"，调整至合适的空间视角；单击"显示选型"—"白平衡"—"手动"，调节到合适的色温，单击"保存视图"（见图 11-60）。

图 11-60　视图

【Step38】将灯光场景导出伪色图，在同一个视角下，单击"显示选型"—"显示伪色图"—"保存视图"（见图 11-61）。

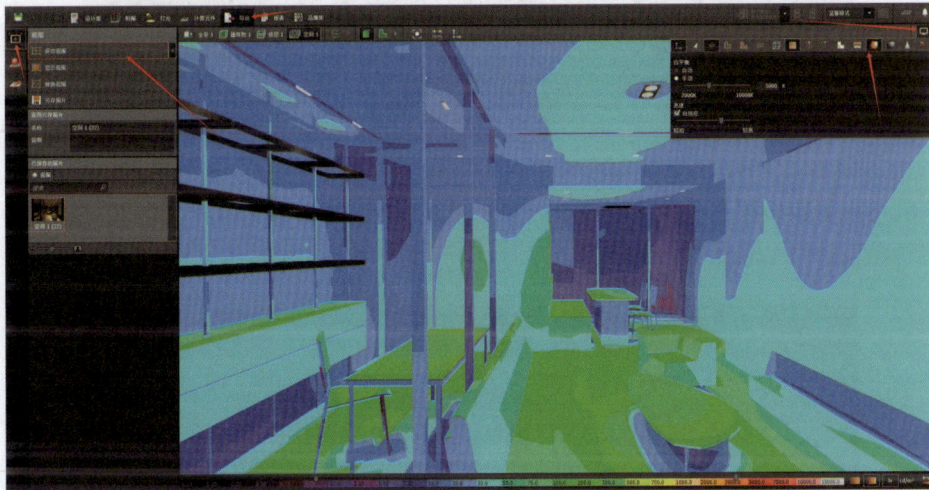

图 11-61　伪色图

【Step39】将导出的视图更改名称，单击"导出"—"视图"—"名称"，将"空间1"命名为"温馨模式"（见图 11-62）。

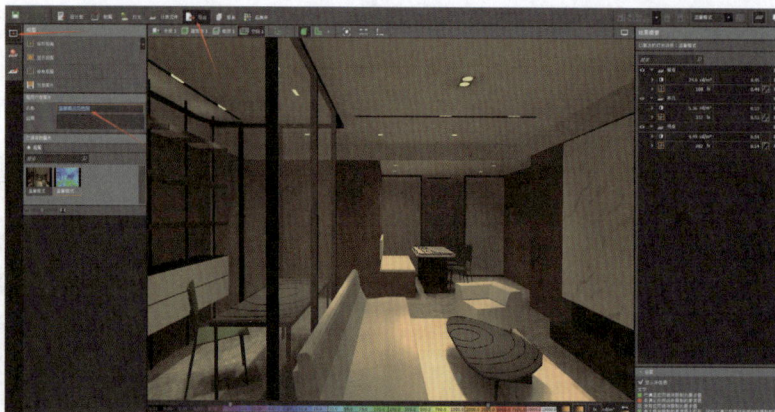

图 11-62　更改视图名称

【Step40】重复上述操作，导出其他灯光场景（见图 11-63）。

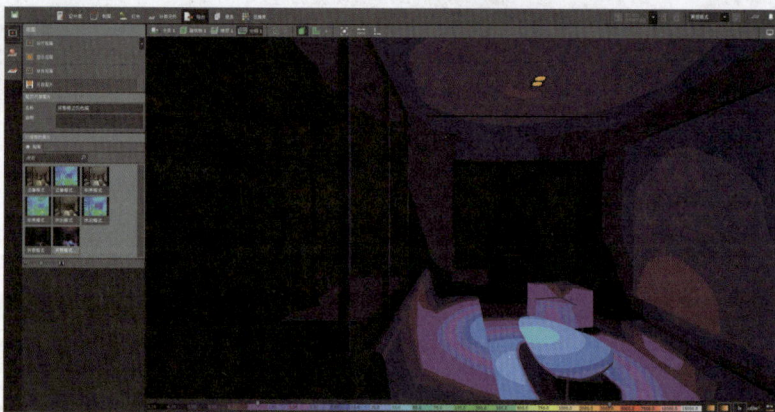

图 11-63　灯光场景视图

【Step41】替换视图，单击"导出"—"视图"，调整好视角后选中需要更换的视图。单击"替换视图"（见图 11-64）。

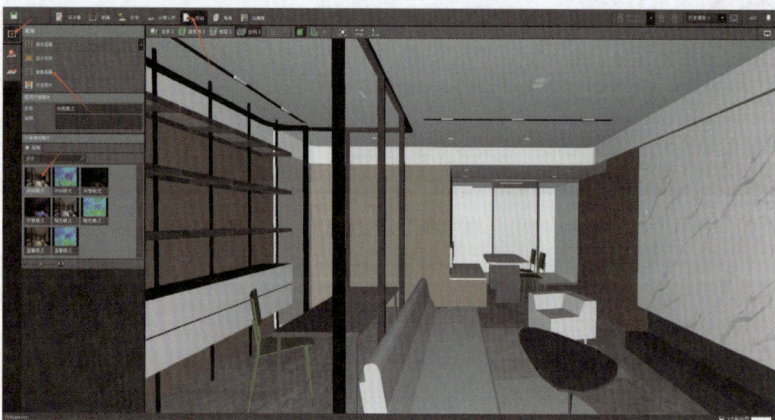

图 11-64　替换视图

【Step42】另存视图，单击"导出"—"视图"，选中需要保存的视图，单击"另存视图"，选择自己需要的图片格式（见图 11-65、图 11-66）。

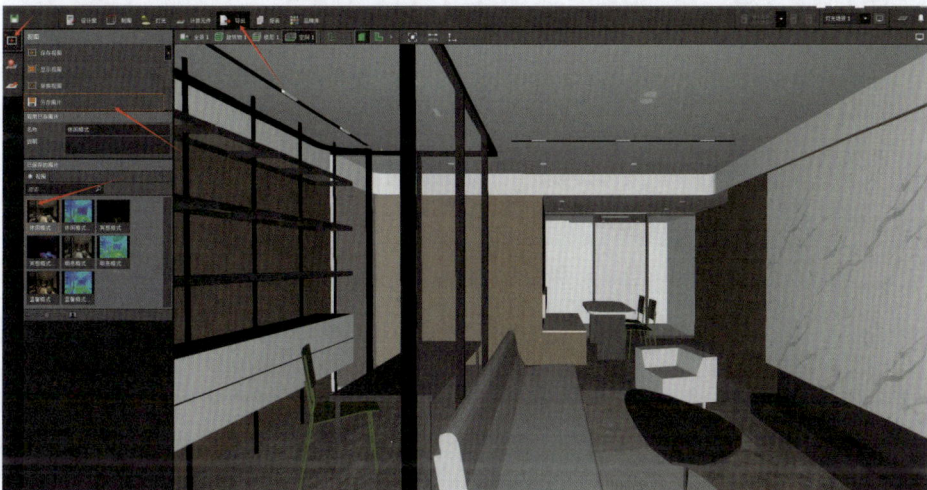

图 11-65　另存视图（1）

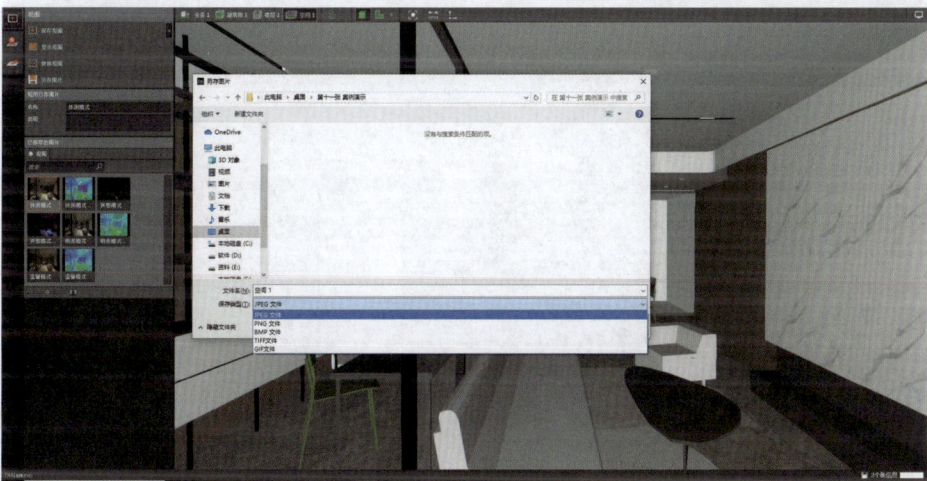

图 11-66　另存视图（2）

【Step43】光线追踪，单击"导出"—"光线追踪"，调整至合适的空间视角；滑动分辨率，选择合适的分辨率，单击"启动光线追踪"（见图 11-67、图 11-68）。

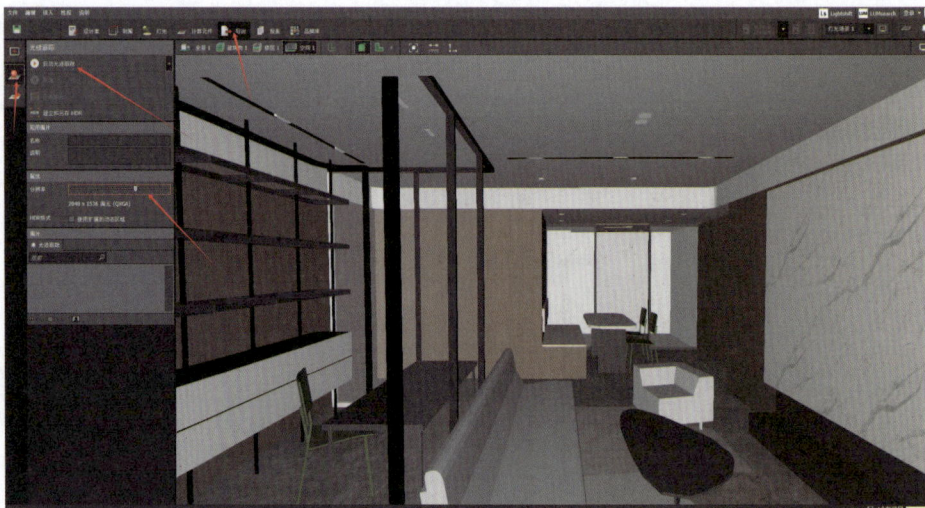

图 11-67　光线追踪（1）

图 11-68　光线追踪（2）

【Step44】更改设计案名称，单击"设计案"—"名称"，将"设计案 0"命名为"客餐厅照度模拟计算分析报告"（见图 11-69）。

图 11-69　设计案（1）

【Step45】设计案资料填写，单击"设计案"—"白色窗口"，将需要填写的资料填入表格中（见图 11-70）。

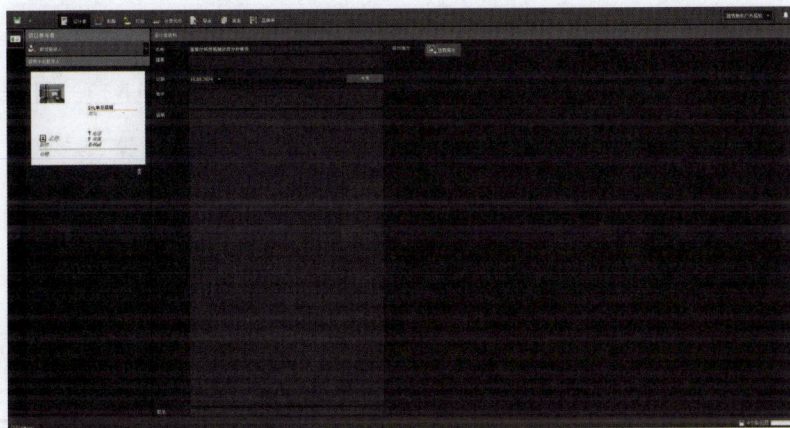

图 11-70　设计案（2）

【Step46】封面的页面配置，单击"报表"—左侧"封面"—"页面配置"，根据自己的情况勾选或说明（见图 11-71、图 11-72）。

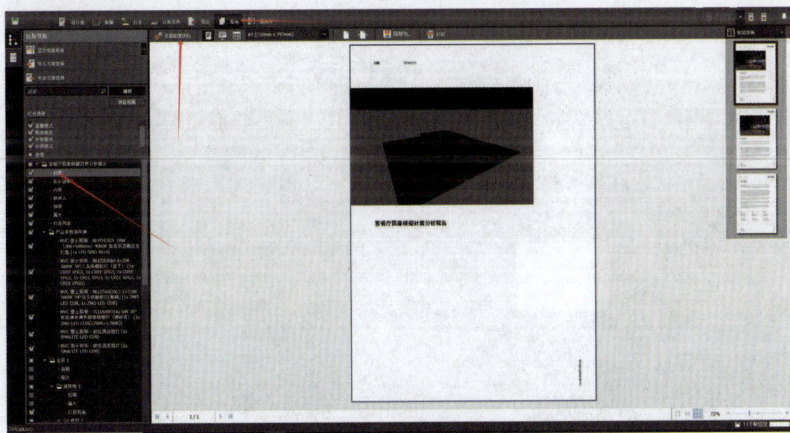

图 11-71　页面配置（1）

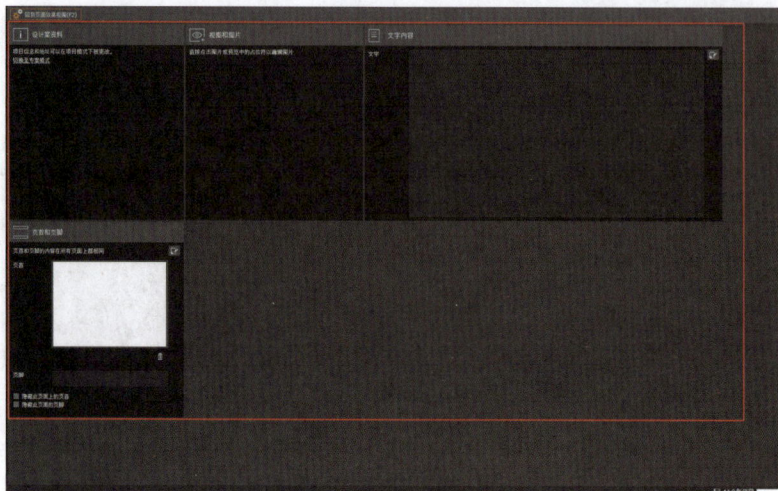

图 11-72　页面配置（2）

【Step47】报表的页面配置，单击"报表"—左侧"地面/灯光场景 1/直角照度（自适应）"—"页面配置"，根据设计需求来勾选导出的选项（见图 11-73、图 11-74）。

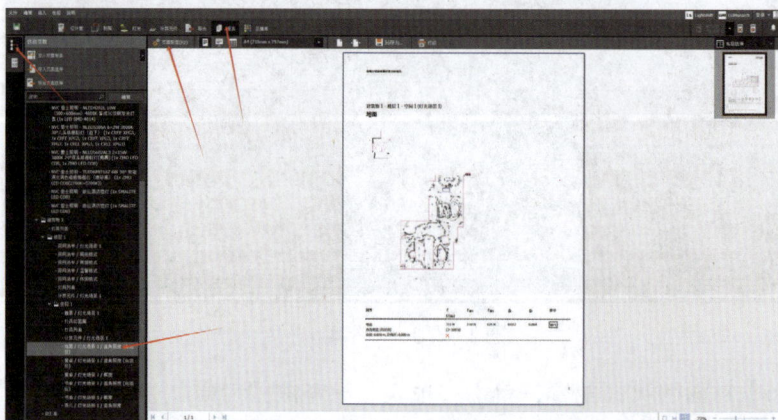

图 11-73　页面配置（3）

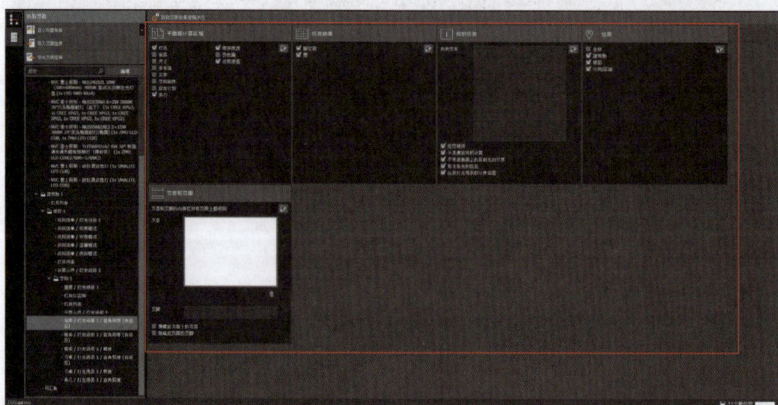

图 11-74　页面配置（4）

【Step48】封面编辑，单击"报表"—"封面"—"更改图片"，将默认图片更换为适合的封面图片，选择适合的布局形式（见图 11-75 至图 11-77）。

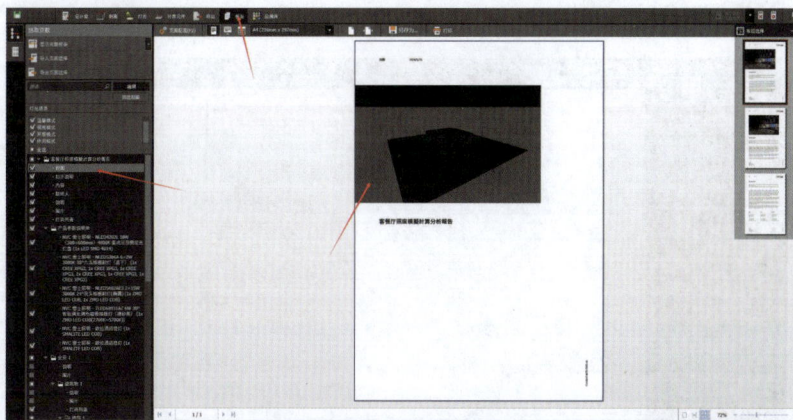

图 11-75　封面图片编辑（1）

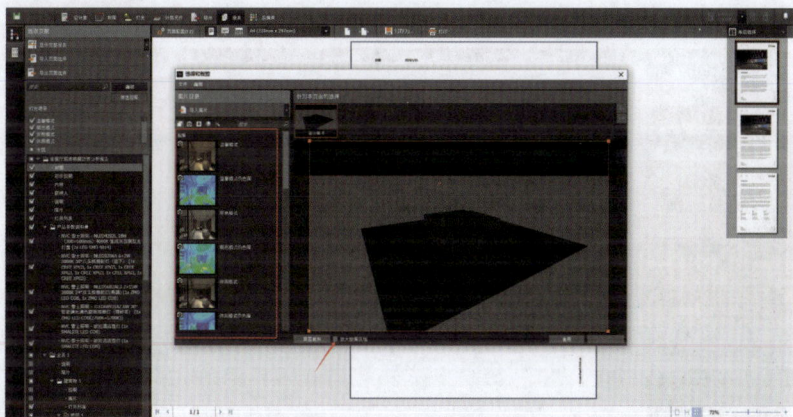

图 11-76　封面图片编辑（2）

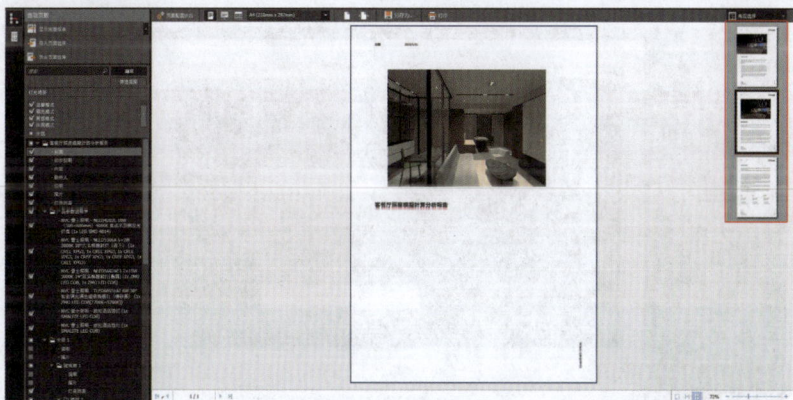

图 11-77　封面布局编辑（3）

【Step49】图片编辑，单击"报表"—"编辑"—"图片"，将布局选择更换为合适的布局，单击"更改图片"，将前面保存的视图依次添加进去。因为保存的图片和添加图片的分辨率不一致，想要所有图片都可以展示出来，需在左下角勾选放大绘图区域（见图 11-78 至图 11-80）。

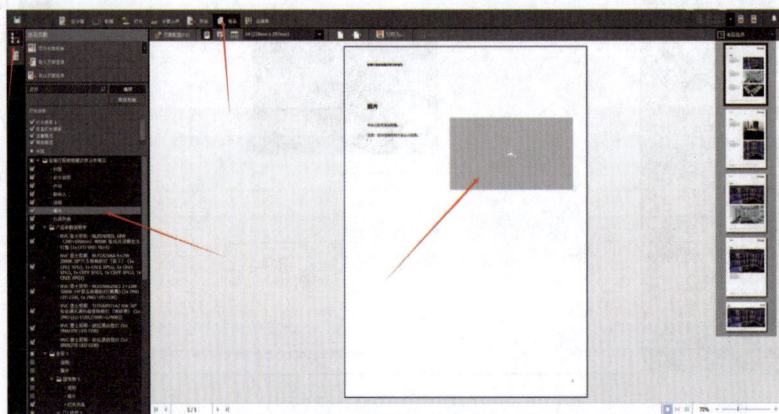

图 11-78　图片编辑

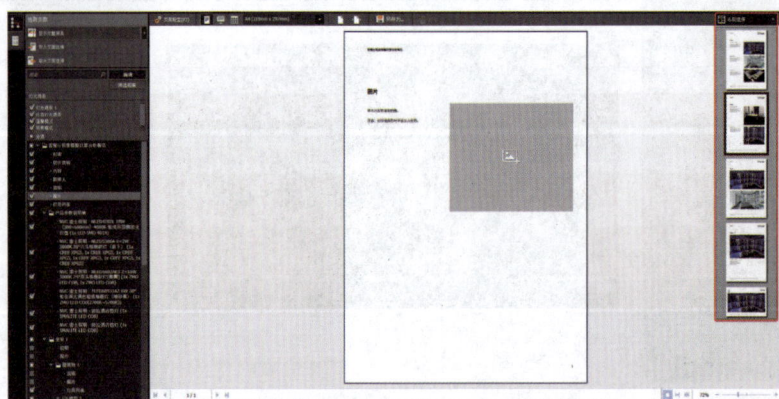

图 11-79　图片布局编辑

图 11-80　图片编辑

【Step50】图片的页面选择，单击"报表"—"编辑"—"图片"—"更改图片"，进入页面后，上方滚动条可以滑动页面翻看图片，左右箭头可以改变图片的顺序，鼠标触碰到图片上后会有x显示，单击即可删除，左边一栏可以导入项目外图片，也可以导入光线追踪后的图片，根据实际情况自行调整操作（见图 11-81）。

图 11-81　图片页面选择

【Step51】编辑报表，单击"报表"—"编辑"，勾选自己所需要展示的内容（见图 11-82）。

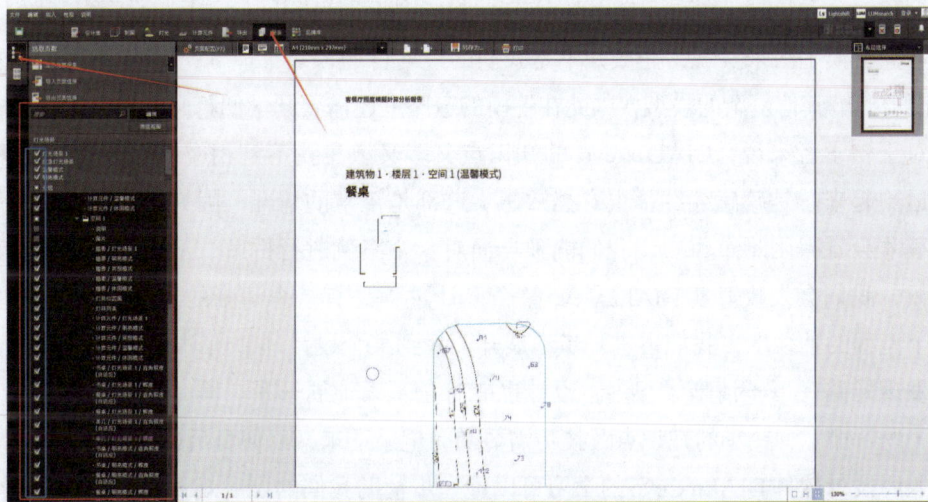

图 11-82　编辑报表

【Step52】导出报表，单击"报表"—"显示完整报表"—"另存为"，保存所需要的文件格式（见图 11-83）。

图 11-83　导出报表

至此，本书内容已全部讲述完毕。

同学们是否还有困惑呢？软件的学习在于多操作练习，尤其是建模方面，在整个的DIALux evo模拟计算中，我们可以发现建模占了大量的篇幅，模型是我们照度计算的基础，由此可见它的重要性。

但模型的创建并不是生搬硬套。在学完这本书后，不知同学们有没有发现，同样是天花灯槽的创建，本书的 3.7 节和 11.1 节里用的是两种完全不同的方法，前者运用的是挤压体进行布尔运算开洞，而后者是用对天花吊顶进行剪切片段开洞。同一个模型里我们可以运用多种建模手法来实现，完成并不是我们的最终目的，只有理解建模原理才能多方位、多角度地拆解其他复杂的模型，因此在建模的道路上还需要同学们打开思路、大胆探索。

对于初学者来说，DIALux evo 的知识点又多又散，找不到相应的功能键很是头疼，软件运用起来总是磕磕绊绊，很有挫败感。这都是正常的情况，因为不熟悉、不了解设计流程才会觉得困难重重。当我们能独自面对一个案例进行拆解、剖析、然后完成设计的时候，我们会发现其实DIALux evo整个设计过程是有一个清晰的流程及设计原理的，在这个流程的轴线上，我们再进一步地展开，找到某个设计环节所对应的某个软件界面，就会发现思路一下子清晰了很多，设计也能有条不紊地展开了。同时，我们也需要培养做笔记的习惯，一些小的知识点及技巧需要及时记录下来，以便日后运用时可以翻看。

照明设计软件DIALux evo的学习可以进一步辅助我们的照明规划设计。软件的学习可能会比较枯燥，但我们只要多通过实际项目操作练习，必定能很好地掌握这个软件。

课后案例演示-1　　课后案例演示-2　　课后案例演示-3